MODERNOLOGIO

路上观察学入门

[日]赤濑川原平　藤森照信　南 伸坊 编

严可婷　黄碧君　林皎碧 译

生活·讀書·新知 三联书店

目录

一 宣言 ……………9

11　我如何成为路上观察者＿＿赤濑川原平

17　在"路上观察"的大旗下＿＿藤森照信

二 街道的呼唤＿＿赤濑川原平、藤森照信、南 伸坊 ……………37

39　源自艺术与学问

79　从考现学说起

103　何谓路上观察

三 我的田野笔记 ……………155

157　考现学作业——1970年7月到8月＿＿南 伸坊

169　走在路上的正确方法＿＿林 丈二

211　捡拾建筑物的碎片＿＿一木 努

241　发掘路上的托马森＿＿铃木 刚、田中千寻

279　麻布谷町观察日记＿＿饭村昭彦

297　高中女生制服观察＿＿森 伸之

309　龙土町建筑侦探团内部文件＿＿堀 勇良

四　观察之眼 325

327　以博物学为父 ___ 荒俣 宏

359　舍伍德森林，如今安在？ ___ 四方田犬彦

385　江户地上约一尺的观察 ___ 杉浦日向子

393　附录一　译者注

397　附录二　作者介绍

一 宣言

我如何成为路上观察者

赤濑川原平

"考现学／路上观察"视角的源头,大概就隐藏在破坏与重建的交汇点吧。

就让我说说自己的例子吧。

我从小就是艺术家。说来不好意思,我其实并不是擅长打架的强壮孩子;也不是那种擅长指使别人动粗、有领导力的孩子王;没有商业头脑、不爱念书,除了画画之外没有别的兴趣跟专长,幸好画出来的作品还常得到称赞。

以前的儿童画都是写实主义,跟现在举目所见野兽派的画风完全不同。当时的美术教育并不鼓励孩子自由表达感受,要求严格,一定要把眼中所见的景物如实描绘出来,千篇一律都在写生。对我而言,写生其实就是一种观察。

此外，我一直到初中二年级都是一名重度夜尿症患者。由于尿床这件事完全无法控制，我开始怀疑自己的身体，连带也怀疑起整个世界。这促使我对周遭事物产生强烈的观察欲，观察范围包括我个人世界的重要支柱——父母，以及其他亲人、住的房子，还有身边各种东西。

我年轻的时候，为了生计，曾经做过路上勤务的工作，就是在身上挂着广告板，长时间站在路旁当"三明治人"。打工时只能站在街角，完全不能自由活动，如果脑海一片空白恐怕会非常无聊，所以我在许可范围内开始从事眼球运动，观察起路上各种事物，包括路人的衣着、表情、走路节奏，还有街道的转角、路边的摆设、掉在地上的东西、马路的宽窄、电线杆的倾斜度等。因为担心看腻了无事可做，所以对于任何细节或些微动静都不放过，这几乎已内化为我体内的基本脉动。

当艺术少年成长为艺术青年，创作欲也开始扩张，无法再局限于方方正正的画框内。这时，所谓的艺术已经逸出在画布上用画笔、颜料构成的作品。仿佛为了逃避，或是急于想寻求出口，我把生锈的铁钉或铁丝、坏掉的灯泡、破损的旧轮胎等杂物作为"作画"的"颜料"。只要稍加留意，所有无用的废弃物都能取代画布、画笔跟颜料；仿佛艺术的本质经过升华，超越了画框的限制，扩散至日常生活空间。当时正值1960年，国会前原本笔直的马路变得曲折，布满障碍，整座城市呈现非常时期的景象。[1]

就这样，我以艺术家的眼光挖掘日常生活中的平凡事物，只为寻找适合的"颜料"；我在街上到处物色垃圾、破铜烂铁，多半是些普通的日用品。不论身处室内或户外，我都习惯沿途边走边看，这时，我的艺术眼光开始转向艺术以外的领域，甚至还跑到市郊的垃圾回收场。人类在生活中产生的废弃物堆积如山，种类包罗万象，这种非刻意形成的聚集物本身极具震撼力，远超过艺术家有意识的创作。

后来，我虽然持续进行艺术创作，但作品数量日渐减少。与其纯粹撷取日用品作为装置艺术，我更倾向于把人们的举止反应当成偶发艺术（Happening Art）[2]。艺术一旦发展到这个阶段，已脱离空间、物件或生活的范畴，仅留下观察人类生活世界的眼光。

后来遭到起诉的作品《千元钞》，正是我从静物装置艺术过渡到偶发艺术的分水岭。为了举证抗辩，我开始收集市面上各种各样的玩具钞票，同时也留意散布在生活四周的印刷品，如传单、报纸广告、街道旁的告示等，进而收集并观察火柴盒标签、日本酒的酒标、纳豆的包装纸等商品外包装；其间为了收集宫武外骨[3]的出版品频繁出入旧书店，因而接触到今和次郎、吉田谦吉的"MODERNOLOGIO"，才首次知道有考现学这门学问。回想起来，这是1968年、1969年左右的事吧。

20世纪70年代，我以《樱画报》为旗帜，对各种报纸杂志进行谐拟、恶搞，其中也包含我对世上各种事物的符号学观察，可说是将"路上观察"的精神发挥在平面媒体上的成果。

我也在1970年开始担任美学校[4]的讲师，将考现学当作授课主题，通过极度放大、临摹报纸角落的内容或杂志中的低俗小广告，在平面媒体上进行"路上观察"实验。我也带着学生们走上街头，实地观察墙壁或电线杆上的告示、海报、标识、招牌等，观察它们所传达的信息。每当我们看到路旁堆放的木材，或是发现任何寻常物件呈现非寻常的状态，乃至道路施工挖掘出的坑洞与土堆、闪闪发光的警告标志等物体，就会指着这类东西说："啊，这是现代艺术！"

这当然是针对那些只存在于展览厅里的艺术形式的一种调侃。从这里起步，1972年我和松田哲夫、南伸坊在四谷的祥平馆旅馆外墙发现"纯粹阶梯"，并从中发掘出"超艺术"的成分；后来还赋予它一个专有名词，称其为"托马森"[5]（Thomasson）。

所谓"托马森"，是指城市建筑遗留下来的各种无用之物；必须对生活环境有非常仔细的观察，才能分析出一个物件究竟是真的"托马森"，还是疑似"托马森"。可以说，"托马森"是人类行为、意识、情感与经济活动相加的总和，再经去除后所残留并展现出来的东西；我们以四处探查"托马森"为契机，以考现学的眼光，观察人类社会生态与结构的细节。

"超艺术托马森"出现在20世纪70年代初期，体制破坏的浪潮也波及了城市，人行道的地砖都被撬起来，派出所也被放火烧了，大家都恣意走在车道上。城市样貌发生了天翻地覆的变化。

就像迷你版的关东大地震吧。

大地震之后，所有事物都分崩离析，变成毫无价值的碎片，举目所见尽是一片荒野。人们从搭建临时安置房开始，一点一滴地重建城市。今和次郎的考现学，就是在那样的时代背景里诞生的。

说起来，当艺术逸出校园，扩及生活领域，并呈现出考现学的样态时，城市也在1960年的安保斗争中出现社会动荡。"考现学／路上观察"视角的源头，大概就隐藏在破坏与重建的交汇点吧。

在"路上观察"的大旗下

藤森照信

若说是"最后的自由",似乎有点夸张,更具体地说,应该是当我们在街上漫步,发现有趣的东西时会感到如释重负,仿佛这时眼睛才又真正属于自己,整个城市似乎也比较令人自在。

现在这个时代,神都隐藏在路上。如果说得更具体一点,整个时代旗帜的转向大致如下:

 纸上 → 路上
 鉴赏 → 观察
 大人的艺术 → 儿童的科学
 空间 → 物件

为什么会变成这样,接下来我会细细道来。

*

首先,谈谈今和次郎这个人。

他从小就是个艺术家,个子矮矮的,长得就像只小猴子,功课不好,只喜欢画画。他的老家在青森县的弘前市,念小学的时候,就自己一个人沿街一栋栋画下寺町一带的房子。

由于小时候就有这种倾向,他长大后自然而然养成"观察"的习惯,师事柳田国男,开始进行田野民俗调查。大正六年(1917)至十一年(1922),今和次郎跟随柳田至各地农村,以素描记录传统民屋的茅草屋顶,从中练就采集与观察的方法。然而,经过五六年之后,他渐渐对柳田民俗学感到"莫大的空虚"。

冥冥中仿佛自有安排。大正十二年(1923),东京因关东大地震受到重创,在一片焦土中,他着手进行两件工作。

其中之一是,利用现成的材料,装饰临时搭建的安置房。他与美术学校的伙伴组成"安置房装饰社",在街头散发广告传单;只要有人委托,他们就扛起梯子、提着油漆桶,赶去"以达达主义的风格进行野蛮人的装修"。

另一项是观察人们怎样在烧毁的断壁残垣中重新打理生活，特别是物质层面。从形形色色的木板招牌，到流落街头的灾民身上穿的衣服，只要看到，就以速写的方式留下记录。这正是今日考现学的滥觞。日本近年来所进行的各种考现学，譬如，赤瀬川原平发起托马森观测中心的四处搜查、南伸坊的招贴（ハリガミ，类似告示的张贴物）考察、藤森照信与堀勇良等人组成的东京建筑侦探团的寻找西洋馆的作业、林丈二的井盖采集、森伸之的高中女生制服观察、一木努的建筑碎片收集等追溯所有观察的源头，正是当年今和次郎开辟的路。

我们或许可说：今和次郎将他自己的观察视线，从乡间田埂转移至都市的街道，就此建立了考现学。

他本人在灾后重建告一段落后，就不再继续从事考现学；"考现学"这三个字，从个人用语演变至今，成了报刊上频频出现的常用词了。

不过，这个名词似乎也开始出现滥用的倾向。就像只喜欢男人肌肉发达，却对其内在毫不在乎一样，许多杂志也只是爱用这个词罢了。譬如动不动就在美食版加上"××考现学"的标题，连宾馆评比也冠上了个"新潮流考现学"的名目。[1] 若以怀旧的语气，说明今日的考现学究竟为何，那就是："此乃高度发达之资本主义体制下,为促进消费与刺激销售量的媒体宣传手法是也。"

简单地说,近年来考现学受到商业界的过度利用。请大家别理会田中康夫,回想一下今和次郎与吉田谦吉当年的姿态与风范(详见第83页)。他们不是观察店面的商品,而是研究商品旁的招牌。挂什么样的招牌会卖得比较好,并不是他们关心的事情;他们只是纯粹觉得招牌有其可看之处,所以留下记录。在意的是为物件做记录,不能掺杂对色相或美食的欲望。

所以,像康夫君那样走进店里拿起商品,或直接在餐桌前坐下都不妥。今和次郎与吉田谦吉两人就是名副其实的"路人",从头到尾都待在路上。

"消费"打叉,"观察"画圈;"店内"打叉,"路上"则要画圈再加星号。

这才是考现学的正确心态。我们要延续今和次郎与吉田谦吉的眼光,用自己的眼睛观察事物。暂时搁下旧旧脏脏的考现学,说穿了,我要提出的就是:路上观察这四个字。路上两字带有"穿越"的感觉,似乎具有相当的"困难度";而"观察"两字的"科学性"则有一定的"艰涩感"。我想今和先生应该也会赞同吧。

*

既然提到"路上"与"观察",当然就会跟"反路上""反观察"的领域产生冲突。这样说似乎有些夸张,但我觉得在这些领域之间,的确有细微却深刻的差异。

路上观察者最直接的假想敌,正是刚刚提及目前与我们短兵相接的消费帝国。长久以来,这个帝国的领土只维持在店内,向来与我们路上王国相安无事。然而,近来消费帝国对我们祖传的路上疆域渐露野心;根据消息指出,他们不断储备侵略的武器。例如东京D大街上H堂的老板就曾恶声恶气地说:"如果不进店里买东西,就别从这里走过去。"在这场将街道商业化的战役中,敌方可说已成功抢登滩头。

面临这样的危机,要特别注意的是:消费帝国不像过去一样,使用大量制造、大量消费的商业武器,采取船坚炮利的攻势;他们已经开发出了新武器,既可吸引个人的目光,还让人觉得有种通行无阻的自由感。我猜想,新武器里所装的火药,主要成分里一定掺进了"路上感觉"。

然而,真正纯粹的路上感觉,是看到磨损的井盖,都会萌生特有的哀愁感;观察路旁截断成"阿部定"[2]的电线杆、墙头的招贴,会心生怜爱之情;凝视废弃生锈的铁制手压泵中长出的繁缕草，可以隐隐看到大千世界——应该是这种感觉。像这种可遇不可求的事，怎么可能拿来当作商业手段？如果真能办到，我倒想见识见识！

话虽如此，近年城市学兴起，无形中助长了消费帝国的势力。报纸上的出版广告，只要是跟都市有关的书，左边三行往往会看到这样的文字："都市不啻一场庆典"，"感性与欲望双重驱策下的现代人，在城市的舞台化身为剧场主角，追寻信息或符码。本书将为您解读都市丰富的密码，诉说城市空间的魅力。""庆典"或"空间的魅力"出现频率之高，几乎快变口头禅了。这样的评语虽然没错，却也是双刃剑，结果好像总是单方面对消费帝国有利。时至今日，几乎没有任何概念能幸免于被消费帝国利用，所以我们"路上观察"也不能掉以轻心。

关于消费帝国与路上王国的领土纠纷，暂告一段落；接下来要针对下一个假想敌进行说明。

它叫作"艺术"。不过说它是敌人似乎不太准确，艺术与路上观察其实不算对立，从历史角度来看，艺术是路上观察的故乡之一。今和次郎与吉田谦吉都是学美术出身的；但路上观察之所以对故乡保持距离，是因为过去的阴影——小时候，曾在艺术村遭到欺凌，因此才离乡背井到首都发展。唉，不过回头想想，被欺凌也是活该，因为明明只是个小鬼，却动不动叫嚣着"打倒艺术村"，还闯入村落的镇守森林，一脚踹倒村中祖传的宝物"美"，所以也怪不得别人。关于这些过往，路上观察界的小鬼头大将赤濑川原平已在本书一开头便坦白交代，我在此更进一步说明，自20世纪60年代起，从艺术村"离乡"的几个不同阶段。

美术馆的艺术阶段（在艺术界以视觉形式表现自我的时期。如举办不设名次的独立美展之类）

↓

路上的艺术阶段（在路上身体力行自我表现的时期。如组成"Hi-Red Center"前卫艺术团体之类）

↓

路上的观察阶段（消灭自我表现的时期。如发掘"托马森"之类）

这一连串宛如三级跳般的跃进，目标无非是近代艺术无须明言的大前提"表现自我"。甚至连署个R.Mutt的名都省了，远超过杜尚，大概再也没有人能达到这个境界。但讲得这么厉害，难道也只是回到在路上晃荡的少年时期吗？

所以说，对于路上观察者而言，艺术并非敌人，而是过去。就像对待自己的故乡一样，每年总会想回去几趟，让心灵得到慰藉；但身处现代紧张忙碌的都会，故乡仿佛越来越远。或许等到老了才会想要回去吧，但是在路上这件事，还是趁身体健康时及早进行比较好。

我要在此指出：艺术与路上观察，就像父与子的不同。

艺术的定义是：创作者发表作品，其中必定蕴含了创作者的心意、思考和对美的想法，如此才形成所谓的作品；而作品必须放在美术馆被鉴赏。然而，路上观察注视的物件则是井盖、托马森、消防栓、建筑碎片、改造成鸡笼的电视机等，这其中不存在所谓的鉴别（依照前例，评断其优劣）或欣赏。作品具有创作者的意念，所以可"鉴"可"赏"，但像井盖或锯断的电线杆底座这类东西既没有思想，也不带有情感，根本不具意图，顶多能称为物件。对于物件，自然不能"鉴赏"，只可"观察"。

当然，我并不是说观察的层次低于鉴赏，观察这个行为，就像"暑假作业·观察牵牛花"，心态与做法都要讲求科学性。所谓科学，倒不是要使用现代最先进的技术或电子仪器，深入肉眼看不到的细微处，而

改造成鸡笼的旧电视机（摄影：林丈二）

是偏向每个人都看得出来，属于"儿童的科学"[3]的那种科学性。至于什么是儿童的科学，就交给浅田彰[4]去深入探讨吧。如果我们想为观察下定义，首先就一定要把观察跟鉴赏区分开来。

那么，艺术作品的鉴赏与路上物件的观察，究竟哪边势力较大呢？虽然目前以艺术鉴赏占压倒性的胜利，但听说近年来艺术鉴赏有逐渐高龄化的趋势，说不定美术馆最后只会剩下爷爷奶奶这些群体；相反，路上观察却有年轻化的趋势。只是如果因此说路上观察幼稚,那也太严苛了,毕竟相较于梵·高的《星空下的丝柏路》、米勒的《晚祷》这些西洋名画,路边东倒西歪的奇妙物件自然更能引发年轻人的好奇心。在目前这个时代,对事物的好奇心显得越来越重要。

不过,倒不是说所有的造型艺术都已垂垂老矣,在绘画的领域,还是有不少跟路上观察者的观察角度非常相似的例子,博物画就是其中之一(详见第327页)。博物画是在欧洲工业革命时期,从蓬勃发展的博物学(真响亮的名字!)中衍生出来,属于记录手段之一。以科学的观察,将在深山采集的珍稀动植物或矿物绘制成图,竟然还能够具备艺术鉴赏价值,说来还真不可思议。当然,博物画本质上仍属于自然科学领域,就像作为儿童科学出发点的"观察牵牛花生长的每日一画",只追求将观察物件精确重现,无关自我表现或个人喜好。只是通过这样的形式,即使以科学为本,也能够源源不绝地流露绘画的味道。

日本当然也有过博物画。江户后期,许多草木虫鱼的图鉴纷纷出现;至江户末期,不少画家虽然不是专门从事博物画,却以同样的眼光——路上观察者的眼光——将景物入画,如伊藤若冲[5]、川原庆贺[6]、渡边华山[7]、葛饰北斋[8]、平贺源内[9]等人。有趣的是,他们都没有受过当时如狩野派、四条派等正统美术教育，仅通过旁门的观察磨炼技法。

现代的漫画家杉浦日向子（详见第385页），也与上述那几位江户时期的路上观察画家具有类似眼光，她从追求正确重现物体的博物画世界，转向时代考据的漫画领域，是个很有意思的例子。而且，她还是位美女。

路上观察学与艺术本源的关系就解说至此，接下来要说明它与学问之间的关系。这就有点复杂了。

以前的学问多半都得自路上观察。光说"路上"还不够精确，应该说是在路上与山中行走，将眼中观察所见的事物记录下来，然后才成为学问。不论生物学、地理学、民族学、气象学，源头都是观察万物的博物学。博物学与艺术一样，都是路上观察学的故乡。然而在工业革命时期，随着近代的发展，博物学产生了各种有用的后代，自己却步入衰亡。原本那些后代与博物学的联结还十分具体，随着分工日渐专业，也渐渐无法辨识了。

那么，究竟该怎么办呢？

工科或理科分门别类，逐渐形成庞杂体系，未来亦将这么走下去，因为秋津洲瑞穗[10]现今就是以科技立国。反正人文领域与经济发展无关，索性停止继续发展，再回溯到博物学的源头，重拾边走边观察的老方法。如果嫌"路上观察"四个字不够学术味,那就称"田野调查"(field work)好了。

以当代公认的重要学者荒俣宏,还有如果早出生30年应该会获颁勋章的四方田犬彦为例,他们脑袋里原本就塞满了汗牛充栋的知识,又正好受到路上春风的迎面吹拂,让目光灵活起来,投入路上博物志或"荒地"的研究(详见第359页)。不论什么样的思想或文学,一旦目光呆滞就完了,而博物学正是最适合锻炼眼光的学问。

*

让我们搁下消费帝国、艺术本源、专业分工的学问,就此转回到路上。这时,我们会察觉到周围有许多相似的观察者,这些人正是所谓的空间派观察者。

他们的视线带有相当诱人的魅力,过去十年间,从长谷川尧的《都市回廊》(「都市廻廊」)开始,接连出现前田爱的《都市空间中的文学》(「都市空間のなかの文学」)、阵内秀信的《东京的空间人类学》(「東京の空間人類学」)等知名著作。他们同样以路上观察为基调,可以说是我们的兄弟,但在关键之处仍有差异。

其中差异究竟为何?只要一起走到沟渠或河川这

类有水的地方即见分晓。

空间派会把注意力放在水边的空间，如沟渠旁的仓库或石头砌成的护栏，或是观察渠道的分合。空间派试图解读隐藏在空间中的秩序，有点类似符号学的手法，"解读城市"或"破解符码"都是空间派的绝招。如果说解读后参悟了什么，大抵是昔日的美好秩序，不外乎老江户城的亲水设计、下町巷弄安排妥适等诸如此类的结论，然后对破坏原有空间秩序的"近代"提出抨击，主张建立新秩序云云。这种"借批判前近代指涉现代"的铿锵论调洋洋洒洒，叫人眼花缭乱。

不幸得很，我们的看法就不一样了。我们走到沟渠旁，不是观测水域，而是盯着漂浮在水面上的物体，譬如坏掉的玩偶、木头、瓶瓶罐罐之类；说来怪不好意思，我们对物件比对空间敏感。关于这种观察角度的倾向，可从南伸坊同学16年前（1970）交给赤濑川老师的作业里找到答案（详见第157页）。

如果对物件本身感兴趣，就会对渐次入眼的个别趣味点留下印象，而对连贯整体的秩序视若无睹。我们或许可将对物体特有的敏锐度称为"物件感觉"。从这个角度看，近代以前讲求整体的秩序，习惯从大局着眼，总是将个别的物体埋没在整体中，既不有趣也不够刺激。

只有在脱离整体秩序时,物体才会展现个别的特色。只有逸出空间——也就是整体秩序的别名——物体似乎才能真正成为所谓的"物件"。

只要一一参考路上观察同好采集的实例,便可以明白这个道理,每一样东西都脱离了原本的状态。

以"海部纯粹隧道"为例,这个托马森物件脱离了实用性(亦即世界上最强大的秩序),而显得很滑稽。明明是铁路隧道,但上面既没有山也没有丘陵,有的只不过是空气罢了。

即使像井盖这样讲究实用功能的玩意儿,除了实用之外,有时也会流露出其他表情;就因为这个缘故,使它不幸沦为采集对象。比如在京都行走时,我就会看到刻着字样的铁制井盖,置身在地砖之间喃喃自语:"我是个井盖……"这是拥有细腻心思的路上观察者才能听到的耳语。

另外还有些物件是逸出原本的位置或规模。比如在京都,除了龙安寺或苔寺这类名庭,还隐藏着无人能探访的"壶庭":在柏油路上直径10厘米大小的凹穴里,长出绿意盎然的小草,有时甚至还有小石砾点缀其中,展现出难得一见的风情。像这类京都风格的壶庭,最近刚被发现,已成为同好热烈讨论的话题;而且根据通报,目前已找到各式各样的变种,藏身在比如古井的手压泵上、井盖上的小缝中，甚至宾馆前未干水泥留下的鞋跟状洼痕等处。

不过，有一点必须注意，不可因为喜欢这类风格的景致，心存脱轨或颠倒的意图，刻意制造出恶搞或令人惊异的效果。所谓观察，是一种科学行为，所以自始至终都要以自然形成的景观为对象。

为什么要强调这一点呢？我们之所以将目光转至路上，正是因为不想关注"有意图的事物"。不论是一意追求美感的艺术、刻意解构的前卫艺术、意有所指的恶搞，或是原本就为提供消费而制造的商品，这些必须通通排除。放眼望去，我们周遭绝大多数的东西几乎都是刻意制造出来的，看多了难免令人倦怠。当然，世界上所有物体都是基于某种目的而制作，但我们就是要找出其脱离原本意图的部分。

既然路上观察的物件只有在脱序时才会成立，那么空间派与物件派这一对同样在路上东看西瞧的兄弟，关系就变得有点复杂了。虽然还不至于反目成仇，但彼此之间的看法到底有些出入。

空间派的内心暗藏愿望，希望回归和谐的整体性；相对于此，物件派却试图脱离整体秩序，放手追求最后的一点点自由。若说是"最后的自由"，似乎有点夸张，更具体地说，应该是当我们在街上漫步，发现有

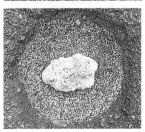 

上图：纯粹隧道（德岛县·牟岐线海部站）
中图：京都的壶庭（吉田山附近）
下图左：石庭型的壶庭（京都·上京区）
下图右：鞋跟状的壶庭（京都·东山区）
以上三处壶庭照片出自《艺术新潮》，1986，4月号

趣的东西时会感到如释重负，仿佛这时眼睛才又真正属于自己，整个城市似乎也比较令人自在。

说得严重一点，空间派如同布尔什维克党，物件派则是无政府主义者，这两派之间的斗争，又将如何继续在路上进行下去呢……

有志于路上观察的人都会经历一个时期，就是站在镜子前，努力分辨自己的眼珠子究竟偏红色，还是黑色。像我的右眼是红的，左眼却是黑的，我为此深感困扰；大部分的人恐怕都是红黑混杂，差别只在比例不同而已。但林丈二竟然完全凌驾凡人，拥有百分之百纯黑、不含添加物的纯粹之眼。事实上，正是因为昭和六十年（1985）1月23日在丰岛园门口附近，碰到大家心目中这位"路上观察之神"，才终于让我们一鼓作气，高高举起路上观察的大旗。

我在前面脱口将空间派与物件派的差别，比喻为布尔什维克党与无政府主义者的斗争，其实一语道出了我们的世界观。

在路上观察者的眼中，路上的一切都可用"事物"两字概括。路上的世界完全都是由事件与物体两者构成。所谓"事物"，分为"事"与"物"，针对具体的事物,后面再各自加上一个"件"字，名为"事件"或"物件"，并各有专人处理；在商住混合的大楼中，事件由二楼侦探社的人接手，物件则由一楼的房屋中介商包办。可悲的是，在现实生活中，不论"事件"或"物件"这样郑重其事的词语，大概都只能从房地产中介口中听到。如今，"物件"已被纳为业界用语，但我们希望能恢复原先"物体"的意思，与"事件"重新建立兄弟关系。

路上观察者似乎专以物件为对象，但在观察的背后，也始终意识到事件的存在。就说路上观察者尤其喜欢观察背后隐含着事件的物件，应该也不为过吧。我们就是以侦探调查事件的眼光观察物件。

就拿首件托马森物件（即四谷祥平馆的"纯粹阶梯"，又名"四谷阶梯"）来说，发现者在当下无疑嗅出其中那股"事件"的气味。当然，这不是说现实中真的发生了什么事件，而是指具有一种就算暗藏事件也不足为奇的气息；之所以把电线杆锯断后的根部称为"阿部定"，也是基于同样道理。

回到刚刚提到的水岸空间。当我们站在水边，由于周遭环境很平静，看不出有什么事件；可一旦水面上漂来瓶子、玩偶或胎儿（详见第161页）等引人侧目的东西，就会飘散出浓浓的事件气息。

建筑侦探专门探寻的西洋馆也是如此。西洋馆在日本的都市空间中显得格格不入，因而成为观察对象，似乎先天就容易埋藏事件;怪人二十面相[11]就总以古旧西洋馆作为藏身据点。

*

所以,路上观察是以艺术和博物学为故乡、考现学为母,长大后脱离各种专门学问,并与消费帝国对抗,甚至和同根生的兄弟"空间派"分道扬镳;一回神,才发现自己置身于陌生的环境,孤零零颤抖着。这里究竟是时代的最前端,还是已经快到尽头了呢?我们究竟身在何处啊!

> 1986 年
> 天上有哈雷彗星
> 地面有路上观察者
> 地下有地下生活者

二 街道的呼唤

赤濑川原平
藤森照信　会谈
南　伸坊

松田哲夫　主持

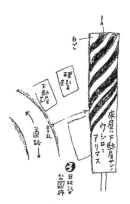

源自艺术与学问

脱离艺术圈

松田：我们这些只要在路上看到奇怪的东西，就喜欢观察的人，今天聚集在这里，可以试着讨论一下；如果顺利的话，说不定能搞个路上观察的学会，到各地进行访查，或是田野调查、集体研究什么的。这也是请各位聚集在这里的用意。

藤森教授出身学院，但也从事路上观察；赤濑川兄是脱离了艺术圈，跨界到这个领域。南伸坊则是在美学校赤濑川兄的课堂开始接触"考现学"……

南：我从一开始就走上这条路了。（笑）

赤濑川：从出生就开始了吧。

松田：我想就来讨论这个主题吧，各位为什么会养成这种奇特的嗜好？

赤濑川：我从懂事以来就喜欢画画，所以一直专注于绘画，当周遭开始出现"偶发艺术"这些艺术类型时，自己正好也进入青年期，于是就不知不觉脱离绘画的领域。这么说来，不论本来是玩音乐还是演戏，大部分人大概都经历过类似的情形吧。那时正好是20世纪60年代初期，我不仅喜欢画画、表现艺术理念，也很喜欢观看；就像小朋友会因为好奇，一直蹲着看木匠做工一样。到了60年代中期，我的创作渐渐停顿下来，大概正好走到一个周期的尾声吧。对了，我会在作品中用上"野次马"[1]这个词，可能就是因为一直保有那份观察木匠手艺的好奇心。"野次马"这个词一开始在《樱画报》或其他报纸杂志上还经常出现，不过后来也不怎么提了。

现在回想起来，我当时正朝艺术以外的领域发展，并且从外部观察艺术圈。如果从局外人的角度看现代艺术，其实会觉得很滑稽，因为与那些"艺术品"类似的东西，在街上随处可见。譬如所谓的现代艺术会在艺廊里堆放木材，但是这种东西本来就很常见，只要把画廊的框架直接套到路上，就变成了现代艺术。刚开始，我就是从这样的心态中得到许多乐趣。

藤森：听你这么一提，前几天我到六本木，看到某栋大楼前有一大块像是花岗岩一类的异物，虽然猜可能是施工的人暂时放在那里的，但还是怎么看都不对劲儿……

赤濑川：那是艺术品吗？

藤森：是艺术品没错，后来仔细一看，旁边有块写着艺术家名字的标识牌。

自从杜尚在小便池上签名，向世人宣称它是艺术品，就已揭露出这一点：现代艺术与一般物品的差别只在于标识牌，唯一的证据是自己的名字，一旦抹掉就不代表什么了。对于这点，赤濑川老师是否觉得无所谓？

赤濑川：不，我当然介意。

藤森：可是路上观察跟有署名的作品不同。即使在街上发现什么，你也只能说：这很有趣，而且也仅止于此。

赤濑川：试图脱离艺术圈真的相当费力，因为要摆脱这个圈子的"引力"，尤其自己长期以来一直致力于艺术工作。那时候我就像是乘着航天飞机脱离，多少出于某种程度的自虐心态。

南：听起来跟我的状况完全不同。

赤濑川：你原本就处于无重力状态，这也理所当然。这点我很清楚。

南：所以赤濑川老师的体验说不定比较有趣，因为一直有一股牵制的力量，禁止自己做出愚蠢的事情。

赤濑川：是有这种感觉没错，我可是一直都惶惶不安的哩。

垃圾分类场的巨大冲击

松田：现在回想起来，有什么具体的因素促使赤瀬川兄踏上"路上观察"这条路吗？

赤瀬川：大概就是破铜烂铁、废弃物吧。20世纪60年代初期，我运用像废铁、水壶盖等日常生活的杂物来创作，这些破铜烂铁也就是所谓的"废品艺术"（Junk Art）。一直以来，我都是用刻意准备的颜料跟画布作画；但渐渐地，好像身边每件东西都可以变成素材，所有的东西都没有差别了，看起来充满新鲜感，连烟灰缸都可以颠倒过来。

南：那一瞬间一定很刺激吧。

赤瀬川：感觉自己的眼光就像回到婴儿时期一样。

南：这时眼中所看到的其实是物体本身，而不是艺术吧。

赤瀬川：没错，虽然物体本身也蕴含着艺术，但着眼点还是会包括它的功能或触感什么的。又好比被弃置在路旁的东西，价值重新归零，什么差别都没有了。垃圾分类场正是这类物品的大本营，日用品聚集在这里，自然形成一种艺术……日用品在垃圾分类场呈现艺术的状态，那个回收垃圾的分类场实在是……

藤森：再跨一步，就摆脱引力了。

赤濑川：对呀，就此脱离了。

藤森：你过去一直坚信，所谓"艺术"是源自个人内在的表现方式；但一到垃圾场，这些既有的想法就消失了。

赤濑川：没错，消失得无影无踪。

藤森：可是原有的标准忽然间消失了，不会觉得惶恐吗？

赤濑川：我想这大概因人而异吧。我自己是很想摆脱那些束缚，跑在别人前面，尝试新的事物。好像一种本能，觉得抛开原有的价值观就是最大的创新。

藤森：到了这个时期，也就表示既有的艺术表现应该结束了；所谓的现代艺术，几乎已到了尽头……

赤濑川：是这样没错，就连所谓的现代，也差不多进入了尾声。

杜尚的抛物面天线

藤森：现代艺术其实只是虚构出来的，我想杜尚很清楚这个道理吧。他在小便池上签名，宣称那是一件艺术品，其实就已揭露了事实。原来现代艺术根本什么也没做，就只是把手边正好有的现成物冠上名称而已。虽然杜尚已发掘出真相,但大家还是默认游戏规则,在作品的标识牌上署名。赤濑川老师或许已超越了这一步。

赤濑川:我大概对思考比较感兴趣,所以追求的不是在自己的作品上签名,也不在乎个人作品的原创性那些东西,而是想借由作品表达一些理念。就像在自然科学领域,也没人会特别挂什么名字吧。我想提出一些让人觉得有吸引力或很有意思的概念。该怎么说呢,就是通过有趣的想法引起人们的注意,就像在行动上标示自己的名字。

南:就像说"这是我先想到的"。

藤森:对,没错没错,就是这类表现方式。所以的确有人这么做吧。

赤濑川:嗯,因为仍然无法摆脱引力的影响,我组建了"Hi-Red Center"(由高松次郎、赤濑川原平、中西夏之于 1960 年组成的前卫艺术团体),仿佛在舍弃之前的作为,朝更特别的方向发展。现在回想起来,在自己过往各种尝试中,"自然科学观察"要素的比重的确越来越大。

这种形态的艺术有点类似科学,也有点偏向所谓的"认识论"。我觉得杜尚通过艺术表现出科学未能实现的部分,多少带有这样层面的含义。

藤森:既不能归类为艺术,也不算是科学,通过这种思维到底要做什么呢?

赤濑川:对杜尚而言,某种逸出常规的东西当然要比科学有趣。在艺术的领域,我们可利用某种不确定的状态探索世界。

松田:类似某种实验……

赤濑川:可以这么说。所以与其说杜尚追求艺术方面的表现,感觉上似乎更像在拼命地打造"抛物面天线"。

藤森:是为了接收到什么吧。

赤濑川:我是以这样的方式去理解他的作品。

藤森:即使我不明白杜尚究竟希望感知些什么,但他的确表达出一些不同的想法。

赤濑川:是这样没错。

藤森:宇宙间有所谓的引力波,也就是爱因斯坦提出的光波、电磁波以外的另一种波。只是目前都还是理论,也没有什么仪器能侦测出来。

杜尚的"Inframince 说"

赤濑川:我觉得杜尚是想借由艺术形式传达一些想法,不论从他的作品或是其他物品上都可以感受到这一点。在他的遗物中,有关于"Inframince 说"的笔记,感觉上都是些尚未完成、还在准备阶段的便条,几乎可以算是手稿中的"托马森"了。杜尚创造出法文词Inframince，意思是"极薄""超薄"。譬如"地铁的车门眼看就要关上，在这'极薄'的一瞬间，有人闪进了车厢"。虽然不是很清楚他到底在说什么，不过挺有趣的。

藤森：我好像可以体会。

南：是不是像"人站起来，椅子上还留着极薄的余温"？

赤濑川：或是跪在榻榻米上用膝盖前进，"灯芯绒质料的裤子，两只裤管摩擦时发出口哨般极薄的声音"，这跟我们所说的托马森有点异曲同工之妙。

松田：这不是文学上的隐喻，也跟现代诗完全不同。

赤濑川：不沾染任何情绪。

藤森：它既不是诗，也不是美术作品，更不是科学观察。

赤濑川：不过的确有些类似认知的部分。

松田：我们之所以拿现代艺术来开玩笑，其实是因为他们老是直接把实物拿来当成作品，所以感觉有点无聊。

赤濑川：没错没错。

南：其实我第一次看到画廊里直接摆上一截木头，觉得还挺妙的……应该说，那种突兀的感觉很有趣。

松田：但如果一而再，再而三以这种方式呈现其他作品,就会让人觉得乏味。因为已经失去惊奇的感觉。

赤瀨川:这时画廊的空间本身就是作品了吧。虽然现代艺术有它新鲜有趣的一面,一旦制度化以后就变得乏味了。我们秉持着一开始的想法,接着一直开玩笑,最后得到这样的结果:只撷取经过沉淀的认识。

藤森:所谓"认识",一般是指对事物的认知。但杜尚似乎想表达他对事物的感受,这类感受就像所谓的"引力波",只是我们目前还不是很清楚。

赤瀨川:或许可命名为"认识波"。(笑)

松田:听起来好像某种超自然现象。要是大家一听就相信真有这种事物存在,反而会很无趣。

赤瀨川:的确很无趣,好像又回到在作品上签名了。

藤森:也可能会被当成宗教。

松田:然后许多事物通通都被归在神明或教祖的名下。

鉴别"托马森"

南:走出画廊,发现各种艺术品,就会觉得实在很有意思。因为看到的是谐拟。某样作品虽然宣称是现代艺术,但外面明明有很多一模一样的东西,这种煞有介事的态度令人发噱。不过呢,艺术家正是用这

"Hi-Red Center"的首都圈清扫整理促进运动(拍摄日期:1964年10月6日)

种一本正经的眼光看待物品,与一般人不同,正常人大概不会这样。(笑)假设你一直盯着井盖,看着看着它就不再是普通的东西了。(笑)这就是艺术家才会做的事情;譬如林丈二不是特别注意井盖吗?我想,他看事物的逻辑应该跟一般人不一样,因为他花了很多时间盯着大家踏过却视而不见的井盖。

这已脱离日常生活的层面;"艺术"听起来好像很崇高,其实根本不是,应该说是令人感到烦恼。有人对生活适应困难,结果却形成有趣的案例,我想的确有这样的情形。譬如有人一直想成为不同的人,于是就有生意人开设"女装馆"之类的场所,让他们实现变身愿望。只要有需求,就会有生意。不过,像托马森就不太适合变成一门生意(笑),自己在路上看看就好了。

藤森:我觉得托马森、路上观察好就好在这里,不能拿来当成生意,也不必非要有什么成果,这点真的很好。

南:就算有,顶多就是整理成书,就像我们正在做的事。(笑)

松田:森伸之的作品《东京高中女生制服图鉴》,真的是个很有趣的主题。

南:书名乍看之下可能会引发错误联想,不过书中还是有通俗跟易读的部分,整体调和得很好。刚知道要出这本书时,我心想:嗯,应该会卖得不错吧。还有渡边和博的《金魂卷》也是。不过以托马森为题材的书大概很少人会买,因为既不够通俗,也不容易引起共鸣。

松田:可是《超艺术托马森》的销量很不错,一般书籍还卖不到这样的成绩。

南:白南准[2]访日时,赤濑川老师送他关于托马

森伸之:《东京高中女生制服图鉴》,弓立社,1985年

赤瀬川原平:《超艺术托马森》,白夜书房,1985年

森的书。他边翻边说:"喔,这种书不好卖吧。"(笑)他说得没错,这类型的书不会成为主流。

赤瀬川:仔细想想,大概是日本人对托马森现象有种特有的体悟吧。通过观察就会得到不同的发现。即使走在普通的路上,看着常见的景象,只要转换自己的想法,感觉上事物的价值就完全不同了。

松田:其实在江户时期,日本人就已经开始对事物分类了。

赤瀬川:如果说得夸张一点,是这样没错。所以日本列岛原本可能就有这样的磁场,有种整理分类波之类的。(笑)

松田:我自己好像也有这种习惯,不论看到什么,自然而然就会想要替它分个类。

南:分类好像就是理解的过程,把自己脑海中的东西重新整理一遍,其实也很好玩。在整理时,把过去已知的事物,依照新的分类方式归位;就像把行李箱中的东西先全部拿出来,再重新装进去,如果过程很顺利,心情也会很愉快。所谓的规划也是把东西通通先摊出来,再重新分类,享受整理的乐趣。

赤瀬川:就像好好打扫一番的时候,过程会有种快感……

"托马森"的诞生前史

松田：各位是从什么时候开始形成"托马森"的构想？

南：以前在美学校听赤瀬川老师等人提到过"分散主义"，灵感是来自不动产界"分让住宅"的概念，特别是像楼梯、走廊等空间。

藤森：什么是分让住宅？

南：我也忘了当初为什么会讲到这个。

赤瀬川：一开始是在讲房子的事，后来又提到外卖。

南：对对对，我们在讨论外卖与房子之间可以怎样作结合。

赤瀬川：不是啦。是说房屋的概念还可以再升级，譬如参考外卖的原理……

松田：是呀，因为这个时代地价一直上涨，导致居住条件越来越差，譬如虽然地段方便，却空间狭窄之类的。

赤瀬川：我们一开始就提到，工作场所要跟住家分开，厨房可以挑便宜的地段租，然后就越扯越远……

南：其中最典型的例子，就像假设今天收工后想洗澡，就脱了衣服，围上毛巾去搭电车。（笑）

赤瀬川：因为浴室盖在远处的市郊。

松田：原本洗澡不是还要经过家中走廊吗？如果

继续升级的话，走廊可以设在东京杉并区，浴室则是在江东区。（笑）

赤瀨川：你是说通过杉并区的走廊，搭电车去江东区……

南：如果还想上二楼的话，就更不得了（笑），楼梯可能在丰岛区，而且既然上了楼就得再下楼。我们正好就是在发现四谷祥平馆的阶梯之前讨论这些事情的。

藤森：啊，就是"纯粹阶梯"，托马森第一号。

赤瀨川：那是1972年……说不定还要再早一点。

南：原本脑中早已有些想法，一看到"纯粹阶梯"立刻就豁然开朗了。

赤瀨川：确实如此。

松田：如果大家想了解什么是"分让住宅"，可以参考赤瀨川兄以尾辻克彦为笔名发表的短篇小说《风吹过的房间》(「風の吹く部屋」)。

赤瀨川：是的，我把这些想法转换成文学的形式，借由这本小说发表。若以传送"热水的声音"提供泡澡的外卖服务，可说是外卖形态的革命吧。

南：叫外卖时，要说清楚自己点的是什么。我们正想着如果外卖的范围能更广泛就好了，不知不觉就延伸出这些有的没的……不过一开始的确是想到泡澡的外卖服务。

"托马森"一号:四谷"纯粹阶梯"

赤濑川:其实是澡堂的外卖服务。后来我们就联想出各种各样的外卖,但这样一来,外卖的种类太多,可能会造成交通阻塞,然后政府就下令禁止外卖服务了。(笑)如果还想坚持下去,违法继续进行,就会遭到机关枪嗒嗒嗒嗒扫射(笑),但即使身上负伤,快递人员还是努力维持面店小二骑脚踏车、端着木箱一样的姿势;这样,我们就随意地把问题逐步升级了。我一直很喜欢"升级"这个概念。

松田：这好像也算是一种分类。

赤濑川：的确是，将社会结构或系统分类。

松田：每个人都有自己的理解方式，即使听不懂，只要先以外卖或分让作为譬喻，接下来……

南：大家就开始不甘示弱了。

松田：踊跃发言。好比骂人吧，先开口的人抢得先机，听到的人心里不舒服，就会想出更有力的词语。如果我们以分让或外卖为例，自然会衍生出许多其他的想法。

南：人会对无关紧要的事特别认真。

赤濑川：会喔。尤其是对特别感兴趣的事，甚至会衍生出一种社会结构。

松田：这么一来，真是越想越有趣。如果大家都采取这种分割的形式，各种功能都不在一栋完整的屋子里，想洗澡或想上厕所还必须出门。（笑）

南：即使附近就有浴室，但只能用自己家的，所以很麻烦。

赤濑川：这最后当然没有实现，只能在脑中幻想。（笑）要是上厕所时，冲水开关的拉绳位于东中野，厕所的玻璃窗却远在北千住就糟了（笑），所以果然有点异想天开……

南："纯粹阶梯"的概念虽然不易理解，但跟"分让"相比，感觉上好像比较简单。

赤濑川：这也算现代艺术的一种。比如我想制作刊登分让信息的报纸，说千叶县我孙子市的空地价格很便宜，可以把走廊设在这里；再拍摄照片，或是用插画的方式呈现，模拟相关报道。

南：如果把楼梯建在空地上也不错喔。

赤濑川：脑海中已经浮现出画面。

藤森：如果真的出现那种景象，不就成了托马森了吗？

南：我还真的挺希望看到实物呢。

街头成为舞台

松田：通常这样的构想，会发展成科幻小说或很荒谬的故事吧。

赤濑川：是有这样的作品。

松田：而且还有可能为了写科幻小说，真的去模拟一个实境出来。

南：想怎么发挥都可以。

赤濑川：我自己倒只喜欢想象或观看。

南：我记得那时你好像不是很喜欢别人拿作品来询问你的意见。

赤濑川：这样有点小气吧？啊，我想起来了，有这回事。那已经不只是作品了。

松田：藤森教授应该也会受托看一些文献数据吧。

藤森：我从小就调皮捣蛋，所以有时候想想，自己也搞不清楚怎么会进学术圈。

赤瀬川：原来如此。（笑）

藤森：总觉得外头好像有某种波，让人忍不住想出门到街上去。

赤瀬川：到底是什么波，不如给它取个名字吧。（笑）

藤森：既然接触到这种波就会想跑出去；那就叫它"路上 × 波"吧。

松田：20世纪60年代末，东京进入一个时期，街道仿佛变成了舞台。但赤瀬川兄恐怕不是受"全学共斗会议"或当代思潮的影响，而是看到路面上的地砖都被撬起来了，所以感到震撼吧？

南：当时的景象一定超壮观，不是有种说法叫"地砖被撬起来后露出沙地"？

松田：那是在讲法国"五月革命"。有趣的是，同样是学运，法国与文学息息相关，日本却离不开科学技术，譬如在街头抗争时，哪些地方的地砖会被撬走之类的。所以赤瀬川兄的《樱画报》真的非常有意思……

赤瀬川：是呀，《樱画报》一开始在《朝日周刊》（「朝日ジャーナル」）连载，所以我想以周为单位，实时刊登"东京都残留地砖分布图"。

南：这根本就是考现学吧。

赤濑川：但在准备刊登时，整个局势就平定下来了。

松田：那时已是1970年，学运即将结束。

从纸上到街上

松田：赤濑川兄是从艺术圈跨界到路上观察学，那藤森教授呢？

藤森：我们在1974年正月成立建筑侦探团，寻找的目标跟托马森有点类似。"托马森"一号是在什么时候发现的？

松田：1972年。正好在13年前。（对谈时间为1985年）

赤濑川：其实也可以算是同时。

松田：都是被路上 × 波……

南：百分之百就是。

藤森：赤濑川来自艺术圈，而我的背景却是学术研究。（笑）我研究的是建筑史，专攻明治以后的西洋建筑历史。这个题目我从研究所时期就开始研究了。但当时跟现在不同，一般人对这个主题不感兴趣，我也不知道为什么，就是很喜欢，所以一路研究下来。但因为是做学问，所以要读很多书面资料，像是目前已发表的论文、相关文献等，一直待在书库里。后来我开始觉得厌烦，于是就想跟比我小两届的学弟堀勇良一起出去看看。

松田：一定是路上 × 波来袭。（笑）

藤森：我们搭地下铁，不知不觉在国会议事堂前下车，车站出口正好就在首相官邸附近。当我们看到首相官邸，想到该往国会的方向前进，于是沿着那一带坡道走，发现国会山丘跟东急饭店之间有块很奇妙的洼地。

赤濑川：那里的建筑物很像废墟，有一边爬满常青藤。

藤森：没错，远远望过去，大概有十栋住宅并排，外观看起来有点旧。我们继续往前走，发现跟昭和初期莱特设计的集体住宅很像。都是两层楼的建筑，还采用大谷石作为建材。那里没什么人，只有猫出没。通常没人住的老房子就会有猫，不过还晾着衣物，又证明有人住在那里。在都心竟然遗留着这样的建筑，让我们非常惊讶。过去一直通过书本认识建筑，这次发现街道实在很有趣，所以后来总会找机会不时出去走走逛逛。

松田：那些住宅现在还留着吗？

藤森：还在还在，很不可思议，就像被世界遗忘的角落。

出自《樱画报大全》，林青堂，新潮文库，1985年

赤濑川：应该是国会议员宿舍后面吧？

松田：建筑的正式名称是什么？

藤森：总理府职员宿舍。从那边再走一段，应该会通往曲町，然后会看到一栋老建筑，那是知名建筑家堀口舍己的作品。因为他很重要，所以他的相关作品在文献数据都有记载。我也是很久以前在杂志上看过堀口的照片，没想到可以在大白天目睹照片上那位建筑师盖的房子，感觉很震撼。

南：是呀（笑），这是理所当然的。不过我了解你的感受。

藤森：当时，我才忽然意识到自己做的学问有多吊诡。城市里明明留存着数不清的建筑案例，我们却只在纸上研究建筑。

那天真是收获丰富。发现东京竟有战前遗留下来的惊人世界，同时也惊觉到，我们在纸上研读的东西都真有其物。这样说很奇怪。（笑）学问本来就是从现实世界来的……

松田：因为你们研究的是建筑，又不是哲学。（笑）

藤森：但这门学问也存在很久了。

南：这我了解，我很了解那种兴奋的感觉。

藤森：在街道上对建筑物进行研究，自然而然会形成体系。不过，由于前人已留下许多记录，就算不去实地观察,也还是可以写出论文。利用现有的数据写论文,是最简便的一种方法。譬如要是以明治或大正、昭和的建筑物为研究题目,很少有人会先去街上实地探寻,再展开研究。

松田:就像哥伦布立蛋一样。[3]

赤濑川:你当时大概很兴奋吧,就像科幻片中的飞碟出现在眼前。(笑)

发现广告牌建筑

藤森:我们真的就像忽然看到飞碟一样。直到那个时候,才发现有个与纸上记录不同的立体建筑世界;不过这话听起来大概很傻吧。(笑)从那时候起我开始对观察着迷,仿佛街道在呼唤着;又好像没人挖掘过的宝山,等着我们去发掘。(笑)于是就从第二天起,我们开始到神田一带漫游。当地有些称得上"名作"的建筑物,也包括今日列入"重要文化遗产"等级的建筑。但我们到了当地,才发现其实不确定在哪儿。

另外,我们也在街道上,发现文献数据没记载的事物。其中之一就是广告牌建筑。

南:什么是广告牌建筑?

藤森:就是在木造的商店建筑正面用瓷砖、灰泥或铜板加上一层装饰。神田一带有很多这种房屋,多半是书店或理发店。因为觉得很有趣,所以想到这个称号。

赤濑川:广告牌建筑这个名称究竟是什么时候出现的?好像也很久了。

藤森:我记得是在昭和五十年(1975)我向日本建筑学会提出的。那时我其实有点担心,因为学会毕竟是严谨的组织,他们真的容许研究生擅自提出新类型并命名吗?

赤濑川:你脱离了学界的引力。

藤森:虽然觉得有些疑虑,但我还是试着提。后来果然遭到了批评。

赤濑川:因为是在学会发表吗?

藤森:听到宣布"接下来轮到第几号的藤森同学",我就上台说明"自己在市区观察到这类建筑觉得很有趣,想在此提出'广告牌建筑'这个名称"。

松田:应该会引发各种不同意见吧。

藤森:没错,其中之一是认为我发表的不像论文,反而像报道。

于是我就反驳"广告牌建筑是地震后的重建时期产生的,本身就具有话题性,并不是我刻意取了个引人注意的名字"。(笑)

最有趣的是,大家都觉得"广告牌建筑这名称好

东京建筑侦探团:《近代建筑指南"关东篇"》,鹿岛出版会,1982年

像有点太轻率",但批评的人一边说着"广告牌建筑实在有点……"一边却也习惯了,最后大家干脆都照着讲了。(笑)

在"井盖"的采集上晚了一步

松田:西洋馆建筑与托马森都位于街道旁,但大家有没有注意过,其实地面也藏着有趣的部分?

藤森:当时还没有这样的概念。我们会注意到而且觉得有趣的，多半是火警瞭望台、烟囱、旧电线杆、门柱、旧门牌、信箱这类；另外有些屋檐的设计，现在看来也算"托马森"的一种，只是当时还没意识到其中的乐趣，其实两者之间还挺接近。后来"托马森"的概念建立后，才发现被抢先一步了。（笑）

赤濑川：以前还差一块"芯片"。

藤森：我们的"托马森"研究还有些不足，其实林丈二的井盖也还差一点点。在建筑侦探团成立前不久，堀勇良曾去兵库县的深山，探寻一座有百年历史的铁桥。

赤濑川：所谓的"铁桥"，真的是用铁打造出来的吗……

藤森：不只用锻铸的金属架设桥墩，整座桥都是铁做的。当我们看到这座桥时，觉得光是用铁就能锻造出各种形状，真好！而且铸铁有种特殊的纹理，我们开始了解这种造就了工业革命的材质的趣味。铸铁不同于现在的不锈钢，或是以前的铁刀；既不是工艺品，更不同于现代讲求实用的铁制品，正好介于中间，所以特别有意思。

赤濑川：就是忍不住爱上铸铁的意思啰。

藤森：因为没经过冶炼，所以铸铁质地既坚硬又脆弱，不适合用在大型的东西上。但既然是工业革命时期,当然又会拼命造桥。

所以我第一次看到林丈二的井盖收集时,心想:"啊,这就象征着那座铁桥所代表的世界。"如果我之前更敏锐的话,一定会要建筑侦探团进行井盖采集……

松田:真是太可惜了!

藤森:不光是我,堀勇良应该更不甘心吧,他已经开始进行井盖的研究了。他去函馆调查明治时期的下水道,发现很久以前的井盖,于是走上街头,继续追查其他井盖。我那时觉得他投入的目标很奇怪,不过他已经有些成形的想法了。有一天林丈二去找他,说全日本的井盖自己都看过了,堀勇良心想:"竟然被抢先一步了。"这也是我们这群人跟林丈二的首次接触。堀勇良放出"发现林丈二"的风声,于是通过我、赤岩奈穗美、中村宏子、赤濑川原平、松田哲夫、南伸坊,按照顺序一路传下来,到今天大家都知道这号人物了。

赤濑川:我还真是千钧一发啊。(笑)

藤森:我觉得自己对"托马森"比赤濑川慢了一拍,堀勇良则是在井盖方面比林丈二晚了一步。

松田:说不定你们只是少了一块芯片罢了。不过赤濑川兄跟藤森教授当时对托马森的见解应该旗鼓相当吧。

广告牌建筑代表
A：泽书店；B：井筒屋商店；C：铃木洗衣店；D：吉田理发店

南伸坊与考现学的第一次接触

南：感觉上两位是有共通点的,就像在艺术方面,赤濑川老师已确立作为艺术家的地位,对所谓艺术领域也有明确的范畴;而藤森教授则是通过书面数据,构筑学问的世界,两人都是一点一点脱离既有的体制,就像隔代遗传一样,呈现出让人意外的成果。

藤森：说来好像都是从观察开始的。

南：我虽然也是学艺术出身的,但从头到尾就觉得那个领域很怪异。

我对画单元格漫画也很有兴趣,或许是出于漫画家的自觉,潜意识里总认为艺术家很做作。我喜欢的是像这样的漫画：譬如有两位绅士站在蒙德里安的画作前,说:"你觉不觉得这边的线条有点歪？"(笑)

松田：把画作当成地图来看了。这种眼光正适合考现学。

南：不光是看大家觉得很厉害的部分,有一点偏。正好那时上了赤濑川老师的课,听到关于考现学的事情,觉得很有趣,也还挺合自己的胃口。

赤濑川：那时候有关于考现学的暑假作业,学生每周要交一份报告,很好玩的。

松田：这就是南伸坊的第一份作业。

林丈二:《井盖"日本篇"》,科学家出版社,1984年

赤濑川:观察他家附近的住户。

南:我家在第24栋,这是我家前面那栋。

赤濑川:这也就是那栋住宅"8点半观察到的景象"。

南:是从我家厕所的窗户望过去,说穿了就是偷窥啦。(笑)天气很热,所以窗户是开着的。我上小号很慢,就顺便往外看,反正很有趣,而且不知不觉正好解决完毕。当然,我把裤子拉链拉上后还是继续在观察。准确来说,这份报告是在我拉好拉链以后,才拿笔记本记录下来的。

1970年7月20日 PM8:30～50　　文花公寓23

501	502	503	504
像复读生的人坐在桌前埋头苦读	房间很亮却见不到人影	房间很亮却见不到人影	40岁左右的主妇正在铺床
401	402	403	404
暗暗的看不清楚	小学三四年级的姐妹打枕头排球	窗帘（红色）拉上看不出来	穿着短裤的男子坐在阳台的躺椅上纳凉
301	302	303	304
房间很亮却见不到人影	30岁左右的主妇在打扫房间，老婆婆穿着浴衣站在阳台	40岁左右的主妇怀疑地往我这个方向看	30岁左右的主妇和三四岁的女儿及5岁左右的儿子玩焰火
201	202	203	204
30岁左右的主妇盯着阳台的洗衣机看	小学三年级左右的男生拿苍蝇拍追苍蝇	暗暗的看不清楚	房间如同鱼市场般沉睡
101	102	103	104
暗暗的看不清楚	女人不明所以地走来走去，隔着窗帘（白色）看不太清楚	暗暗的看不清楚	窗帘遮着看不清楚

南伸坊的第一份考现学作业（详见本文157页）

号馆

外部观察实况　考现学 **1**

505	506	507	508
30岁左右的男子不停地穿脱及膝短裤	坐在日式椅子上看电视（男子）	房间很亮却见不到人影	一家人躺在榻榻米上看电视
405	406	407	408
小学三年级左右的女生正在做广播体操	暗暗的看不清楚	2岁的男孩在客厅绕着圈子跑	50岁左右的主妇正在收晾干的衣服
305	306	307	308
兔子在阳台上跑来跑去	30岁左右的主妇开始晾衣服	窗子关着窗帘也拉上（绿色）	房间暗暗的有人在里面看电视，房间颜色随着荧幕变换
205	206	207	208
窗帘（绿色）下伸出一只脚，顶着阳台	暗暗的看不清楚	暗暗的看不清楚	暗暗的看不清楚
105	106	107	108
家具摆得很复杂，看不清楚	30岁左右的女性，肩上挑着布，正在梳头发	暗暗的看不清楚	暗暗的看不清楚

藤森："兔子在阳台上跑来跑去"，这是什么啊？

赤濑川：描写得挺不错的呢。

藤森："小学三年级左右的男生拿苍蝇拍追苍蝇。"（笑）

松田：感觉好有画面感。

赤濑川：简直就像置身现场一样。

松田："窗帘下伸出一只脚，顶着阳台。"（笑）

赤濑川："30岁左右的男子不停地穿脱及膝短裤。"（笑）

南：不晓得他实际上在做什么，但在我看来的确就是这样。

赤濑川：也许打算去睡，或正要去洗澡。接下来这个最棒："30岁左右的主妇盯着阳台的洗衣机看。"（笑）真有趣，这一则很有意思。

藤森：简直像赤濑川的小说。（笑）

南：应该是正在洗衣服，所以对着眼前的东西看吧。

赤濑川：但也可能正想着好几笔债务，或是昨晚丈夫的言行举止，不然就是人生的种种课题……南伸坊在信上说，正好这一带前两三天有色狼出没，所以很难观察，总觉得有人盯着自己看。

藤森：原来如此，难怪这里写着："40岁左右的主妇怀疑地往我这个方向看。"

赤濑川：我想南伸坊家大概就在这一户对面。

南：好厉害，我家正是在四楼。

藤森：这么说来，南伸坊打一开始从事的就是考现学哩。

南：我毫无准备就开始了。

赤濑川：没错，不过他很快就进入状态了，成果也很不错。我自己因为还受制于艺术圈的"引力"，出手就没这么利落。

藤森：八成是南妈妈怀孕时被路上 × 波扫到，是胎教啦。

赤濑川：这是他的第二份作业，也很精彩的。

藤森：这要一直走在路上才观察得出来吧。

南：嗯，就是路边常见的垃圾桶，外面的架子是黑的，中间的桶子是绿的。各地的情形都不一样，就我的观察心得，每个垃圾桶的命运都不同。

松田：这也在你家附近吗？

南：没错。

观察报告者的眼光

藤森：不过当时为什么会进美学校呢，不是打算要从事前卫艺术吗？

明治路龟户3、4丁目附近 城市家具（street furniture）的使用方法 a
1970年7月22日调查 考现学 2

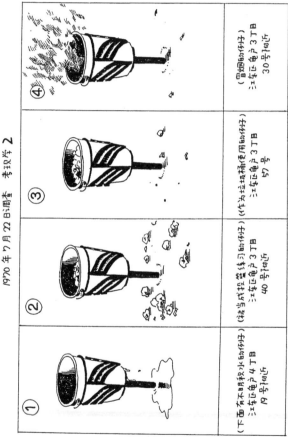

①	②	③	④
（下面有木屑积水的例子）三芳亿龟户4丁目 19号附近	（垃圾当成拉圾筐使用的例子）三芳亿龟户3丁目 40号附近	（作为垃圾桶使用的例子）三芳亿龟户3丁目 57号	（冒烟的例子）三芳亿龟户3丁目 30号附近

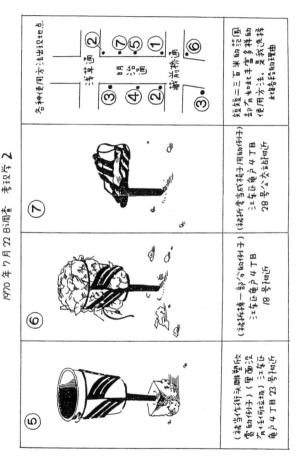

南伸坊的第二份考现学作业(详见本书第158页)

南：其实我也喜欢现代艺术那些东西。在美学校的第一年，赤濑川老师还没去开课，到第二年的时候他来了，而且据说要讲宫武外骨，我就迫不及待想上他的课。

赤濑川：也只有他那么认真地交暑假作业。

南：那是一定的。当时才刚认识赤濑川老师，在暑假前只上了一点儿课，还没听到什么门道就放假了，一听说到要寄信当作业就……

藤森：所以其实你是寄粉丝信给现代艺术大师——赤濑川老师。原来如此，我想八成是这么回事。

赤濑川：不过他好像很轻易就完成了。

藤森：线条画得很漂亮。

赤濑川：而且很容易理解，所以不是深奥的艺术。这就对了，我们要的不是艺术，而是观察。

松田：这很像今和次郎与林丈二自己做的那些调查。

赤濑川：他的第三份作业，几乎可当成文章来读了，也很有趣。

南：观察主题本身就带有文学性。在藏前街有座桥，下面流过一条叫十间川的小溪，感觉有点像水沟，附近还有派出所。

赤濑川：他记录溪里的漂流物。

松田：可是第29项是胎儿啊！所以这份报告很特别。

源自艺术与学问

栗田实女儿一子 北村润二郎 花王香皂前
1970年8月9日周查 考现学 **3**

1	可尔必思(Calpis)盒子里的已洗干净的样品样其他物/个
2	电视机信号接收器 2个
3	球(篮球、垒球、软式棒球)各/个 共3个
4	装在透明袋子里的白色口香糖/个
5	葡萄糖酸钙药内服液的空盒/个
6	老鼠尸体 /只
7	十几条横放漂浮着在水面上
8	化妆水的瓶子(摔子木8月)/个
9	调味料 /个
10	玉米芯 /个
11	啤酒空罐(纯生、麒麟) 各/个
12	次达精子洗水(错?)/个
13	化妆DD末糖果包的盒子/个
14	口袋里装的小包东西(摔子木8月)/个
15	透明的定量盒 /个
16	凉鞋 /只
17	相似盐包的使用后方形注油容器(绿、加)/个
18	牛奶纸袋 /个
19	栗子加 /个
20	玩具刀(绿、黄色) /个
21	家庭消用的一次性塑盘子 /个
22	赛马报 /份
23	装汽油的容器(半透明橡胶样材料) /个
24	木片、木板、方形木材等 数个
25	天牛幼虫油的锯子 /个
26	蜂窝煤渣(废瘀碎入、牛排板、8月)各/个
27	洋伞(黑) /把
28	拉链枕头红色橡胶样材料 /个
29	月饼/几
30	

南伸坊的第三份考现学作业(详见160页)

南：倒不是其他人做不到，我只是看到什么就记下什么，而且一路写下去。

赤濑川：如果要挑毛病的话，你还可以再多写一点，更进一步分析。

南：嗯。

赤濑川：不过写得很简洁，不拖泥带水。

藤森：这说不定唤醒了他潜在的科学眼光。

赤濑川：没错，所以看起来很舒服。

藤森：我这样讲没有不好的意思。南伸坊画出来的线条，就像植物学家描绘植物一样。

南：这我明白。

赤濑川：这不是艺术表现，是观察报告，所以非常有趣。

藤森：其中同时还包含了对自己的观察。

赤濑川：对对对，也观察了自己。

松田：譬如记录去派出所时的心情变化，这个很不错。

藤森：真不错，所以《南伸坊全集》的开头已经有了……

南：那是1970年的事呢。

从考现学说起

关东大地震与安置房装饰社

松田：藤森教授,你早就知道路上观察的老祖宗考现学,还有它的创始者——今和次郎的事吧?

藤森：因为今和次郎也算是建筑师,我才会晓得有这么一个人,一个出了名的怪人,还有他那些事迹。今和先生地位颇高,有回应邀去帝国饭店开会,但衣着一如往常,因此被挡在门外。一听"你好歹也打个领带吧",他当场就把鞋带解下来当领带。这是当时在场的人亲口说的。我有一位建筑界朋友重村力,今和次郎曾托他办一件事,然后说:"谢了,那你就来领钱吧。"他依约到指定的地点,竟然是在一座神社里面,到了那儿,就看到今和先生坐着等他。今和先生也没讲前因后果,只听一句"喏",我的朋友就这样莫名其妙抱着现金回去了。(笑)

南：真是拿他没辙。

街角的达达主义——东洋戏院

藤森：不过，我当时真正感兴趣的其实是神田附近的灾后建筑。那些建筑形式很接近广告牌建筑，还有达达主义风格的电影院也挺有意思。

松田：你是指神田的东洋戏院？

藤森：对，一旦发现这种建筑，就想弄清楚它的时代背景，所以我先从现场观察开始，然后才回头去找文献数据，把它当作一门学问那样深入研究，过程中又查到各种相关艺术活动，包括村山知义的MAVO艺术团体。MAVO虽然由前卫画家组成，但也参与过一些建筑议案,像是吉行淳之介他妈妈以前工作的美容院。听说还有家MAVO理发店,我觉得很好奇,翻电话簿去找,结果还真的有。我赶紧去一探究竟,那家店的小老板说:"店名是我老爸取的,真伤脑筋!"

从MAVO又知道有个安置房装饰社,他们在安置房上彩绘。这群人所做的事相当奇妙,只要有人委托,他们就拎着油漆罐过去,大笔一挥,把安置房变成达达主义风,大家就那样开开心心到处乱涂。说"乱涂"可能有点言过其实,不过他们的确在满目疮痍的废墟上自得其乐,甚至还发传单招揽生意。

根据我的调查,考现学正是在灾后重建这段热潮中形成的。

松田:在大地震后的残垣断壁中源源不断地冒出各种新事物,呈现新旧杂处的景观,这已经不能用考古学的方法了。大概就是这样子吧。

考现学诞生

藤森:一旦碰到大地震,一切都化为灰烬,人们要从零开始生活。用焦黑的铁皮遮风蔽雨,做菜、吃东西都得用同一个坑坑洼洼的锅子,这也是一种全新的体验。仿佛刚来到这个世界,看什么都觉得很新鲜,好像经历开天辟地一样。吉田谦吉觉得这个很有意思，今和次郎也有同感，所以他们结伴上街头，还自己画观察记录。这种新奇的感受，令他们耳目一新，仿佛亲身经历世界创造的过程。考现学或路上观察学最难的一点，就是绝不能失去观看事物时的新鲜感，否则只是单调的记录罢了。所以说，启发他们的转折点应该就是那场大地震。

赤濑川：当我知道考现学是在大地震之后发展起来的，心想原来如此——因为物件的感觉很鲜明；这说不定是由于我个人经验所造成的感受。在这之前，人类社会文明大概像五重塔一样，层层向上堆叠。但大地震把这一切震垮，全部归零，原先井然有序的各种物体全都摊在地面，这跟我在垃圾分类场感受到的新鲜感很像，屋瓦旁有婴儿车，旁边露出一口时钟，简直就是……

松田：超现实主义的表现手法，空间错置（dépaysement）。

赤濑川：是没错，就像空间错置的效果，所有的东西看起来好像都失去了价值。

藤森：就算想用过去的眼光去看世界，一切也都已经面目全非了。

赤濑川：只好改变眼光了，因为过去的秩序消失，不得不用一种全新的眼光来看事物。

藤森：秩序都已经崩解了嘛。

松田：赤濑川兄经历过战争的冲击，那又是有别于大地震的另一种破坏……

赤濑川：没错。坏掉的东西总是带些趣味，新奇的感觉让人期待，因为自己的眼光变了，看什么都觉得很有感觉。应该说，这两种因素都有一些吧。黑市交易纷纷在经过战火荼毒的焦土上进行，日益猖獗……

南：一般人大概都觉得"哇，怎么会变成这样"，从而感到很苦恼。觉得有趣的人应该很少吧。

赤濑川：还是有喔。

南：可是，有一种论调，说地震后根本没人有那种心情苦中作乐。那种人应该真的非常苦恼。（笑）

赤濑川：被"路上 × 波"照过才会吧。

南：我想是吧。但有些人可能真的发现一些不同，察觉到其中的趣味。

吉田谦吉、今和次郎的观点

藤森：就我所知考现学最早的文献，是大正十三年（1924）吉田谦吉于《建筑新潮》发表的《东京安置

房招牌之美》(「バラク東京の看板美」)。

今和次郎曾说:"吉田谦吉说有些东西很有趣,还给我看很多素描,我自己才开始注意。"所以,第一位考现学家非吉田谦吉莫属。他自己这样写道:

> 我在乡间某处陌生的车站下车,顾不得先找好当晚的住宿地点,不管三七二十一就寄放了行李,把笔记本跟铅笔塞进口袋,开始在街上四处绕行。

从这段话可看出来,吉田谦吉从大白天就在到处观察了。还有一段叙述:

> 1923年灾后的东京,很快就出现鳞次栉比的安置房,店头与街上出现多处很精彩的广告牌……若是习惯在乡下走动的人,看到东京到处都是安置房,恐怕会张望个不停,边走边看吧。

所以吉田谦吉可说起步很早,这篇文章正是第一份观察报告。至于招牌,他在乡下也没放过,还注明是1923年的三条町,这里说不定就是考现学的发源地呢。我们哪天一定得去瞧瞧,看三条町现在是什么样子。紧接着他就开始进行灾后东京的观察,像附图第

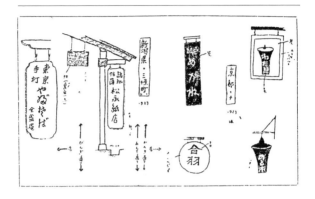

吉田谦吉绘:《京都与新潟三条的招牌》(1923)
图中文字说明:新潟县,三条町;主要街道 / 檐廊街道 / 店;水沟 / 檐廊街道 / 店
拉线说明:茶色 / 背面蓝色;茶色 / 黑色;藏青色(背面)

一例的京桥路,灯笼就悬挂在烧到只剩树干的行道树上卖,形成托马森行道树,这个就很赞。第二个例子是药房招牌:"调配药剂。捕蚊纸一片四钱,口罩十钱。"还有一个:"泥鳅锅、红豆汤,明日营业。"好棒,超有感觉的。(笑)下面这段"可代替铁皮使用。石棉瓦、螺钉",搞不好是把烧剩的东西拿来卖,这跟我们南伸坊的《招贴考现学》还挺像的。这大概是世界上第一份考现学研究吧,在大正十三年(1924)呢。

松田:那时算是有"招牌美"的想法,但考现学的概念还不明确。

南：要不是这批人把安置房仔细记录下来,这些肯定全部都会失传吧。

藤森：连今和次郎的全集都没有收录相关内容。他的文章当时都发表在一些很少流传下来的杂志上。

譬如他在《住宅》杂志发表《荒郊野外的居住工艺——简朴工法》(「郊外住居工芸——素朴なるテイクニックス」),开头是这样写的:"这篇文章写于星期天晚上,因为我写的东西遭到许多读者批评,难登大雅之堂,所以小心翼翼地动笔……"(笑)他好像也有写到"我是个观察者"。

赤濑川：哦……

藤森："最近我感觉到,自己终于可充分一展长才,如同看展览般观察世间许多物品,不是设计得完美精致的东西,而是些怪里怪气的玩意儿。大概是我特别奇怪,我做出来的东西或真正想做的东西,常常不符合一般人的喜好;选择的工作也往往偏离自然;自己像只在湿地上匍匐前进的蜗牛,天生有种奇异的触角,而且还特别发达,前端甚至还长出眼珠子了。我就这样默默地受到命运捉弄,依照所谓的进化法则变成今天的样子。由衷希望在阳光下昂首阔步的诸君千万别学我,才不会沦落到像我这样的地步。"(笑)还有,"我

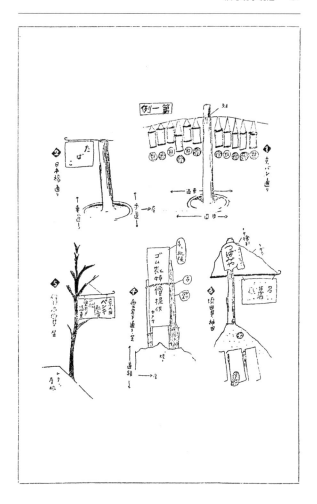

吉田谦吉绘:《灾后东京的观察》,第一例

图中文字说明:1. 京桥路 / 车道 / 人行道;2. 日本桥路 / "香烟" 车道 / 人行道;3. 须田町·神田 / 津羽见屋(拉线说明)缺口的酒壶,铁丝;4 爱宕下街·芝区 / 道路 / 店 / 橡胶鞋特价供应 / 龟屋 / (拉线说明)纸板 / 绳子;5. 樱田本乡町·芝区 / 一般涂漆作业承包 / 非专业用油漆贩卖 / 白铁皮屋顶

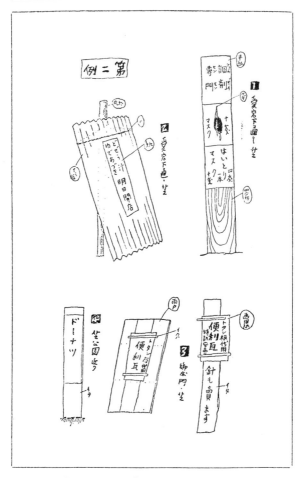

吉田谦吉绘:《灾后东京的观察》,第二例
图中文字说明:1. 爱宕下街·芝区/调配药剂/十钱/口罩/捕蚊纸/一片/四钱/(拉线说明)半纸/钉/四分板;2. 爱宕下街·芝区/泥鳅锅/红豆汤/明日营业/(拉线说明)纸/木棍/绳子/波形板;3. 御成门·芝区/可代替铁皮使用/石棉瓦/特价贩卖/也有卖固定螺钉/(拉线说明)图画纸/木板,代用浪板/便利瓦/(拉线说明)防雨板;4. 芝公园附近/甜甜圈/(拉线说明)木板

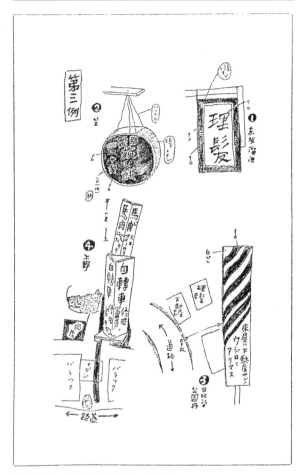

吉田谦吉绘:《灾后东京的观察》,第三例。
图中文字说明:1. 赤坂溜池/(拉线说明)黑色/锌板/蓝色/黑色;2. 芝区/萩饼/四十钱/(拉线说明)铁丝/特制/红/白纸/黑;3. 日比谷公园/理发店、木屐店就在后面/道路/立板/(拉线说明)白漆/红;4. 上野/马肉/自行车、修理、买卖/肉店/安置房/水坑

诚心祝福各位,务必要在正统的优秀文化下建立自己的人生,为了后世,你们要好好过有意义的生活,认真工作"。这真是太棒了!

从古民俗到现代风俗

藤森:当时今和次郎还在早稻田大学当教授,不过是个怪人。

赤濑川:他是教建筑吗?

藤森:没错,他是建筑学系教授。他曾追随柳田国男研究日本民家,"民家"这个词就是今和次郎创立的。后来他脱离柳田门下,发展出考现学。

柳田国男后来说:"我最近想到,我的'民俗学'在分类上大概可算今和次郎'考现学'的分支。"虽然称不上背叛师门,但今和次郎的确是从柳田门下独立,自成一派。

松田:对今和次郎来说,柳田的确是一位很重要的老师,所以难免会想脱离他的影响吧?

藤森:我想是。今和次郎虽然跟着柳田国男下乡做民俗调查,但日子久了,似乎渐渐开始对柳田先生的态度产生一丝丝疑问。柳田一直在追寻过去的东西,难免不太关心当下的事物,也把乡下古老的事物看得太高，而今和次郎却不喜欢那样。另外还有一个原因，他对于"从都市到乡村进行调查"这件事本身就抱持怀疑态度，觉得好像在研究印第安人一样，心里逐渐产生反感。柳田把全部心力放在弄清楚日本人的生活文化根源上头，自然不会注意到助手心情这类细微的小事……但今和次郎始终改不掉弘前的东北腔，对田野调查也越来越觉得乏味。

这时正好发生关东大地震，于是他下定决心掉转方向，从乡村到都会，从古民俗改成现代风俗，于是同时创立安置房装饰社与考现学。

松田：一开始就用"考现学"这个名称吗？

藤森：不，那倒不是。当时他们画了许多灾后废墟跟生活场景的速写，在《妇人公论》杂志上连载，后来好像还举办了展览。邀请他们办展览的人就是纪伊国屋书店的田边茂一[1]先生。展览会的入口写着"考现学"，这大概就是日本考现学的起点吧。

松田：那吉田谦吉又是个什么样的人呢？

藤森：吉田从艺术大学图案科（前东京美术学校图案科，即现在东京艺术大学美术学部设计科）毕业，比今和次郎晚几届，除了跟他一起发展考现学，后来也当剧场美术设计，曾为筑地小剧场设计舞台。他是日本舞台设计的先驱，在这个圈子里很有名。

南：最后好像都是这样，要真的派上用场，恐怕也只能用在舞台设计上吧。

赤濑川：没错，妹尾河童也是如此。

藤森：总感觉两者间好像有点相似。舞台是虚构的世界，但看起来很真实。

南：每个人多少都会希望自己的研究能派上用场，最有可能用得上的地方就是舞台。

松田：说不定他们也觉得城市就像一个舞台。对一般人而言，城市是生活空间的一部分，但他们有不同的感觉。

藤森：眼光独到吧。

南：就像把涵管（俗称水泥管）视为艺术品。

赤濑川：没错，就像舞台的延伸。

藤森：不过，刚才念到今和次郎的文章，那段"……由衷希望在阳光下昂首阔步的诸君千万别学我，才不会沦落到像我这样的地步"，简直就是赤濑川现在的写照，这两人根本踏上同样的命运了嘛！（笑）

赤濑川：这个嘛……（笑）

藤森：据他女儿说，今和次郎小时候功课完全不行，只有画画还可以，于是跑到街上，从画自家附近的房子素描开始。

松田：在《建筑侦探的冒险 "东京篇"》这本书

今和次郎设计餐具的一部分,出自季刊《银花》第58期,文化出版局(摄影:石桥重幸)

中,藤森教授曾提到他当初接触今和作品的经过。你们可以找来读,内容非常动人;而且大家会发现,藤森教授这批建筑侦探们在观察时,也沿用了今和次郎的方法论,成为跟今和先生感觉很像的考现学派建筑侦探。

藤森:回想起来,那时我们成立建筑侦探团,发现有趣的建筑就发表在专刊上,曾经有过这样一个例子,文章刊出时因为写着"作者不详",结果有一天突然接到电话,是个老先生打来的,他说:"那是我做的。"我们就登门去拜访。他保留着以前的家的照片,室内设计相当有特色。"这是谁做的?"一问之下,老先生答:"喔,这是今和先生做的。"他家全套的餐具、金属器皿、加热锅等,都是今和次郎设计的作品,那位老先生甚至还保存整组当年设计汤匙的模型,今和次郎以日本厚朴树木为原料,先手工削出汤匙的雏形,然后用石膏翻模,最后再灌铅。确认之后,再请工匠制作;整个过程都留下了记录。

赤濑川:真了不起!不过委托人恐怕也很有钱。

藤森:的确,他非常有钱。今和次郎设计的东西几乎都没有留下来,他后来也没有再制作什么。刚刚那篇文章也说他后来就不做东西了,因为"我是个观察者"。所以那批餐具应该是很早期的作品。在老先生家附近，还有位叫远藤健三的建筑师。我们建筑侦探团曾以考现学的方法在那一带观察过好几回，说来好像有种不可思议的缘分。

松田：又是路上×波。（笑）

藤森：最早的路上×波，可能就是在大地震的灾后重建时期来袭的吧。

关于《伪物之趣》杂志

藤森：在座各位是什么时候开始听到"考现学"这三个字的？

赤濑川：这个嘛，这本油印杂志《伪物之趣》(「いかもの趣味」)，是我大约在1968年、1969年从旧书市场买到的，版权页上印着"昭和十年（1935）出版"，所以当时的确已经有"考现学"这个词。这份小船乘客考现学，实在太鲜活生动了，看着各艘船上有男有女，好像小船之间的距离也越划越近了。（笑）光用记号标示就能够这么有趣，真令人吃惊。

藤森：这油印的效果真好。

赤濑川：我后来才知道，矶部镇雄本身就是从事油印这一行。你们看，他做的烟头考现学令我甘拜下风。我有段时间出庭"千元钞事件"，也继续参加现代

矶部镇雄:《伪物之趣》考现学专号,1935年

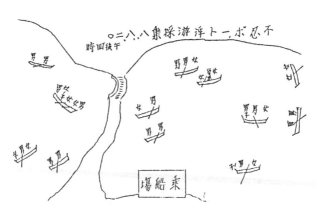

喜多川周行:《考现学浮世统计》,出自《伪物之趣》

艺术展。当时参展的伙伴中（这里要说的不是刀根康尚[2]先生）有位幸美奈子小姐，她把形形色色的烟头翻制成石膏模型，再一个一个放入昆虫标本箱，俨然就是一件现代艺术作品。外面再一一贴上"某月某日采集于画家泷口修造[3]先生的书房"之类的说明标签，当时我认为那是一件很酷的作品。但相较之下，这个更早出现的油印版考现学，没有冠上艺术这个名号，又胜一筹。

南：林丈二兄收集的车票屑，就有这种味道。

赤濑川：没错，还有把签上的记号一个接一个依序排列下来，简直到了变态的程度。（笑）另外，这位矶部镇雄还成立过"江户町名俚俗会"呢。

松田：我有大学同学曾经是会员。以前有种江户区分地图，通常都卖得奇贵无比，他们就通过油印的方式，让会员只需花一点钱就能拿到纸样，然后再自行上色。如果是非常热衷于这个嗜好的人，可能会追求更昂贵的原版，但他们想做的不是这样的事，只是想借油印推广老地图。

矶部的这本书出现在昭和十年（1935），今和次郎、吉田谦吉编的《考现学》则是在昭和五年（1930）。

赤濑川：我想这大概是我最早找到的跟考现学有关的出版品。以前我跟松田为了收集与宫武外骨相关的书籍跟杂志，经常跑旧书展。当时真的是下了一番

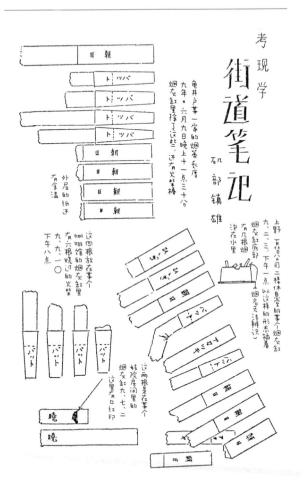

矶部镇雄:《考现学——街道笔记》,出自《伪物之趣》

*编者按:日本昭和九年(1934)

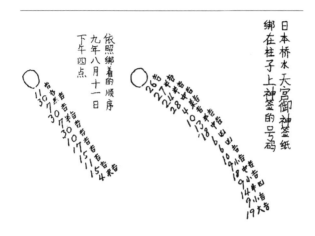

矶部镇雄:《考现学——街道笔记》,出自《伪物之趣》

决心才买下这本书,现在依然记忆犹新。当然,现在看到的话,一定二话不说马上买下,但第一次看到时,觉得标价两千日元很贵,所以没买。我当时心想:不过就是油印本嘛。所以虽然心里想买,但还是犹豫了很久。

松田:结果没卖掉,下一回旧书市又出现了。

赤濑川:还真的又出现了。头一次没买,我回去以后一直念念不忘,心里想着:烟头研究好厉害啊,没买下来真不甘心。(笑)要坚持己见,买下一般人看

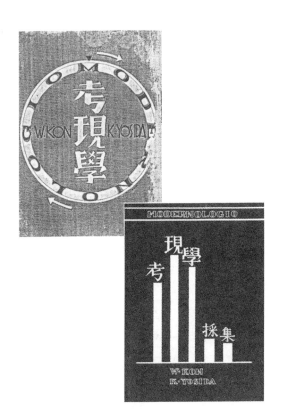

上：今和次郎、吉田谦吉编:《考现学》,春阳堂,1930 年
下：今和次郎、吉田谦吉编:《考现学采集》,建设社,1931 年

不出价值的东西，真要有过人的勇气才行啊。旧书会馆的旧书展约有七个旧书会轮流举办，包括荣耀会、和洋会等。我印象很深刻，隔了好几个月之后，终于又在展场看到这本书，便赶紧买下来。（笑）这种书果然没什么人买。（笑）

藤森：那我跟赤濑川很可能去过同一个展场，有段时期我也常去旧书会馆。

松田：回想起来，大概是1970年前后跑得最勤。

藤森：我跟堀勇良，还有另外几个人，那时都迷上了逛旧书市场。

赤濑川：那几乎是同时嘛。（笑）

藤森：那时虽然听过赤濑川兄的大名，但还没见过本人。

赤濑川：只是找书的方向不太一样吧，那时候我们专找跟宫武外骨相关的书刊，看目录订书，跟其他人竞标。

藤森：宫武外骨的书我只买过一本。赤濑川兄一开始接触考现学的契机似乎和我不一样，并不是因为今和次郎。

赤濑川：起先是因为看了矶部镇雄那些东西，觉得很有趣，然后发现今和次郎、吉田谦吉编的《考现学》，才真正认识这门学问。

何谓路上观察

逸出实用价值的趣味

赤濑川：我们看今和次郎等人写的书会觉得有趣，基本上是因为想到这批人认真的模样，譬如异常执着地跟踪在银座逛街的路人。

藤森：是呀，观察女人在哪个路口转弯、跟谁走进咖啡馆，或是去洗手间什么的，完全就是色狼的行径。

赤濑川：如果是真的色狼，大家还比较能够理解，但偏偏又不是。所以如果非要我解释是怎么回事，也只能说是艺术了吧。（笑）

南：这大概是最简单的说法。

赤濑川：是啊，所谓艺术，虽说是模仿世界万物，但也是在揭露它们的本质啊……

南：没错，以无用的事物为乐，冠上艺术的名义最轻松。

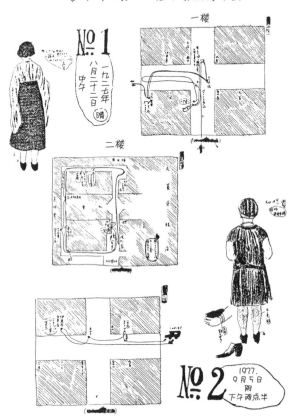

《丸大楼时髦女孩散步路径》,出自《考现学》
图中文字说明:一楼／书店／伊东屋／菊屋／丸善／莉莉斯／白木屋／通往二层;二楼／丸菱和服店／文祥堂／窗(看了看自己)／橱窗／休息室／明石衬衫店;药店(五分钟)／伊东屋文具店(买了信纸和笔)／站住;短发／握着茶色皮手拿包／肉色(丝)红／银手镯(左手)

赤濑川：乐趣是最主要的动机。只是有趣归有趣，干这种事的人还是让人觉得怪怪的啊。

南：有人会说："做这些事到底有什么用处？"如果非要讲个理由，就又变得无趣了。

赤濑川：反过来说，如果一心想着要获得大家认同，做起来也变得很没意思。想想也挺奇妙呢。

藤森：你说得没错，不论是我们这群人，或是所谓的"托马森"，都是经过一段很长的时间才被世人接受；至少要好几年。其实大家不知道我们在干什么也还好啦，说不上有多苦，最重要的是自己乐在其中。

南：像我专攻的招贴这个领域，现在一般人也开始觉得有意思了。在各种各样的招贴中，以特种行业的最多。大家在学校游园会、校庆之类的场合也会看到一堆，不过都不会太有趣，因为内容很普通，不外乎"禁止随地大小便"之类的；也有些做成告示牌，譬如"勿从此入"。这些当然说不上有趣，毕竟还是要有一点点脱离常规才好玩。

赤濑川：人类行为的出发点都太严肃了，所以才会想从中找出趣味。

藤森：有些招贴意思到了，却很乏味。

赤濑川：没错，纯粹为了传达意图，就只剩下实用价值。

编者按：YOSIDA 是吉田谦吉。

觀察九十八人	双手下垂	手插入衣口袋			手插入裤子口袋			抱胸	手插入怀中			手搖至手摆在胸前	手摇至手摆在身后	抱着行车			背着行车		
	7	0	2	1	2	3	3	0	0	8	0	7	0	0	2	0	0	0	0
	18	2	3	3	3	5	5	1	0	8	2	15	3	5	4	6	0	0	0
	25	2	5	4	7	8	8	1	0	3	3	12	3	7	10	0	0	0	0

手插口袋 34人　　　　　手插入怀中 6人　　　　　抱着行车 17人　背着行车 17人

9日下午11时40分至下午0时05分（西側北行）　　YOSIDA

编者按：KON 是今和次郎

观察三百四十八人	素颜	淡妆	浓妆	眼镜	用口罩	帽巴	用伞	神出古头	计
	59人	22+	28	8	1	0	0	0	
		38	48	14	6	1	0	0	

1月1日下午3时0分—3时2.5分

观察三百四十八人				装眼镜	用口罩	帽巴	用伞	神出古头	计
三百三十七人	72	67	14		11	20	3	3	
	85	71	5		19	31	3		
50%									睑 50

一下午3时45分—4时05分　西側北行

+ 其中叫人已经每过这比妆的年龄。

何谓路上观察　107

《一九二五年初夏东京银座风俗记录》，出自《考现学》

南：所以我都会特地去找，一定要找到其中的梗，才会好玩。

藤森：就是要那些偏离主旨的部分。写告示的人自己可能都没发现，原本只讲求达到目的，但不知不觉就冒出某些不实用的东西。

南：写的人要是知道结果变成这样会很懊恼吧！

藤森：那倒是。我们觉得有趣，是因为招贴不是艺术作品，它本质上必须传达某些目的。艺术如果能让人接受，那就算达到了作品的实用价值。但奇怪的招贴、井盖、"纯粹阶梯"这些东西与艺术品不同，它们原先都有实际的用途，但因为某些原因而改变，出现实用性之外的面向，这就是其中的趣味。

南：然后还带给我们"发现"的乐趣。

藤森：不能光有实用性。

赤濑川：所以说到考现学，还是观察者亲手绘制才有味道，如果以机械化的方式呈现，那就没有意义了。之前有份杂志做考现学报道，拍了一大堆照片，呈现路上行人怎么走之类的，虽然劳师动众，但看起来实在有点乏味。

南：毕竟还是呈现观察的角度。

松田：考现学在刚起步时，还不确定将来会朝什么方向发展，其中一种可能就是像调查研究一样，派

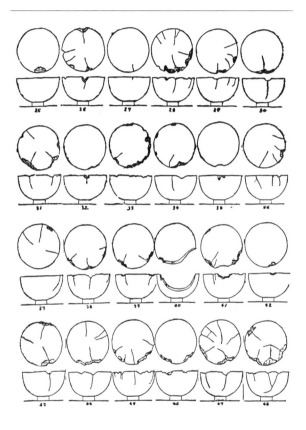

今和次郎、小泽省三《破茶碗》，出自《考现学》

工读生出去大张旗鼓地进行。

南：请不请工读生差别很大。要是叫别人做就没意思了。

松田：今和次郎进行集体调查时好像有动用学生。刚才提到的银座大街调查感觉很新奇，也很有趣；但要是把同样的构想移到小樽之类的地方，就变得一点儿也不好玩了。

赤濑川：规范化就会变得很无聊，而且应该会多出不少规定吧。

南：结果到头来，比方说关于路上观察的书出了之后，进行路上观察的人越来越多，最后发展成一套公式，那就不好玩了。

松田：今和次郎那批人开创的考现学后来没有继续发展下去，这也是原因之一吧。

藤森：这是一种宿命。

松田：受到世俗的认同就不好玩了，居然还派工读生去街头访查。

藤森：今和次郎跟吉田谦吉在事态快要演变到这种地步前，就赶紧打住了。

博物画与照片的差异

藤森：考现学与路上观察学既不为了实用，也不是艺术。真要说起来，在绘画的领域里，它的定位大概比较类似博物画吧。在工业革命时期，欧洲人搜集世界上稀有的动植物，当时还没有摄影术，所以用绘画做记录；这类博物画也是荒俣宏的最爱。虽然基本上应该要秉持科学精神，正确地描绘，但多少还是流露出奇特的趣味。

松田：在还没有科、类这些生物分类，分类学也还没建立的时代，将采集来的东西，以描绘的方式记录下来，是博物学最基本的手段。

南：任何事情一开始都很有趣。

藤森：我们刚才看到的南伸坊在美学校的第一份考现学作业，其实也算博物画的一种。现在已经有分类学，再者如果要呈现多样化的内容，应该利用摄影比较好，博物画可能会失真或是画错。既不够科学，也算不上艺术，说起来博物画还真的挺奇特的，似乎跟托马森或井盖有某些共通点。

南：照片好像就没那么有趣。倒也不是说照片一定都是机械化的产物，起码我自己就不这么觉得。有些摄影家拍的照片就很有趣，传达出自身看事物的眼光；不过一般的照片通常无法表现拍摄者个人的观点。

赤瀬川：没错，一般人的照片很难表现出观看的角度。如果要求这要求那，最后反而就变成艺术了。

南：因为有意图，希望受到大家认可吧。

赤瀬川：的确，人会不自觉地展露各种主张与表现，哪里感觉是艺术的，就努力拍成照片；若保持原样拍照，艺术就隐藏起来了。这正是有趣的地方。总之，观看是观察的乐趣所在。

南：具体来说，观察主体不明显的话，就不好玩了。

松田：我超喜欢吉田谦吉这本巨著（指《考现学采集》）中的这一页——"被狗弄破的纸门"。

南：这超可爱的。那句"弄成这副模样"写得很妙。（笑）

藤森：语气好像南伸坊。（笑）

赤瀬川：真的是这样。观看的角度果然很重要。

松田：这里头不用文学譬喻，只纯粹描写景物。不过做这样的记录，意义何在？

藤森：人生本来就没啥特别意义呀。（笑）

赤瀬川：换个角度想，所谓的考现学永远不会消失，源源不绝；但没办法累积，所以无法形成庞大的体系。

藤森：这跟螃蟹只能横行的道理一样；同样的事

情不能一做再做，否则就会觉得很蠢。但所谓的乐趣又是什么呢？

南：之前看警察在犯罪现场拍的照片，其中包括鲜血飞溅的痕迹。他们观察血迹往哪个方向喷出、溅成什么样子，然后写成笔录。这对办案的法医而言当然是很重要的数据，但对我们则另当别论。如果有人问，这到底有什么趣味？也只能回答：就是单纯地觉得，原来如此啊！好比狗抓破纸门，其实也没什么大不了，但如果拼命想象当时的情景，就会觉得很好玩；譬如那只狗到底是怎么溜过来之类的。

藤森：这幅画之所以令人觉得有趣，文字解说占了相当大原因。南伸坊的《招贴考现学》也是，就算招贴本身不怎么有趣，配上南伸坊的解说之后，就变得很好玩。至于"托马森"，也是通过赤濑川的解说才变得有趣。听说东大毕业的四方田犬彦还被退稿过呢。（笑）所以图文两者缺一不可，如果只看图，我们根本不知道这是在做什么。

松田：托马森的话，最好还是用照片，手绘很难证明真实性，可能会被怀疑是造假。

南：刚开始研究招贴时，我也会担心这个问题，因为招贴的内容也可以捏造。譬如你可以自己写个有趣的公告，贴出来再拍照就好了；真要做假的话，比托马森简单多了。所以我想,还是用画的好了,毕竟手绘跟拍摄照片的感觉还是不一样。

"目的波"与"成就波"

松田:现在市面上有大量刻意标榜"TOWN WATCH",以解读大众消费趋势为目的而进行都市观察的书籍。我们要是搞到这种地步,可就不好玩了。

赤濑川:如果接收到"目的波",特别为了某一种企图而进行观察,大家恐怕会全军覆没吧。(笑)

藤森:路上观察的趣味,在于对"目的波"的接收能力很弱,自己高兴比较重要。(笑)

赤濑川:把"目的波"反射回去。(笑)

松田:可是,一开始就承认自己的行为荒诞无聊,只是玩票性质,那也没什么意思吧。

南:说起来,还是跟先前提到的"成就波"有关。(笑)

赤濑川:"目的波"与"成就波"的波长,搞不好很接近……

藤森:"目的波"是企业发出的,"成就波"则来自报章杂志,这也没办法。

松田:反过来说,如果没有任何"目的"与"认可",最后反而什么也不是了。

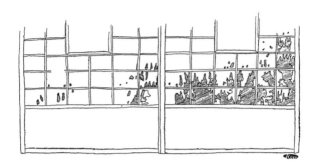

被狗弄破的纸门

吉田谦吉采集

有人送我出生两个月的小狗,把它放在玄关一晚,第二天早上约九点,发现纸门被弄破了。弄成这副模样。

我觉得应该跟茶碗的破法、玻璃的破法(请参考前作《考现学》)等并列在一起,作为记录的片段。

"被狗弄破的纸门",出自今和次郎、吉田谦吉编《考现学采集》

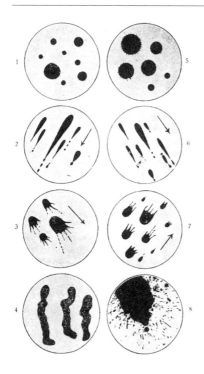

犯罪现场的血迹,出自《案发现场摄影集》,1930 年
①垂直滴到平面上的血迹
②从右上方喷溅到左下方的血迹
③从上往下喷溅、力道较强的血迹
④喷溅在垂直或倾斜的平面上、往下流淌而成的血痕
⑤从较高处垂直滴在平面上的血迹
⑥从左上方喷溅到右下方的血迹
⑦从下往上喷溅、力道强劲的血迹
⑧持续从同一处往下滴落、形成的血迹

藤森：的确，如果与"目的"及"认可"完全无关，路上观察就无法成立了；这点是绝对可以确定的。我们遇到林丈二时很高兴，因为这个人不会受到"目的波"或"成就波"的影响，他没有接收这类波长的天线。我或赤濑川老师基本上都不是为了什么目的或认可而做这些事，但多多少少还是会受到"目的波"与"成就波"的影响，会有些企图。

赤濑川：我们发现了。而且身上都会有两块芯片，专门接收可悲的"目的波"与"成就波"。（笑）当然，受"目的波"太大影响也不好，自己也会本能排斥，觉得不好玩。

藤森：我们偶尔也会享受"目的波"或"成就波"带来的乐趣吧。但林丈二兄……

南：我想他也不至于完全没有。譬如之前看幻灯片时，他就说："也有像这样的东西喔。"我看到他去欧洲旅行的笔记时也吓了一跳，明明不是要写给什么人看，却记得这么工整。

藤森：所以说，林丈二真的是路上观察之神，或者说是考现学之神。所谓神的意思就是一般人做不到，也不容易理解。他的笔尖似乎也藏着神。赤濑川老师跟我、南伸坊以及其他人就像他的门徒，向社会传播福音。遇到林丈二兄时，门徒心上仿佛落下一块大石。

我们不断地接收"目的波"与"成就波",内心已经受到污染,遇到那么纯粹的(笑)路上观察化身,突然有种放心的感觉:从此可安心接受"目的波"或"成就波"的影响;没问题的,只要有这个人在就没关系……(笑)

赤濑川:因为我们多少会受到"目的波"或"成就波"的影响,有时也会刻意回避。可是林丈二兄完全不为所动,就像神能毫无惧色地触碰狮子……

藤森:像他这样的人,即使伸手进灶里取出滚烫的石头,也能毫发无伤吧。嗞——他完全没事,我们的话就严重灼伤了。如果没有他,我们现在的状况恐怕是岌岌可危啊。

路上观察之神与门徒

南:似乎有很多人都问过林丈二:为什么你可以如此体察入微?但他自己好像也不太清楚。

藤森:我想没有人知道。他应该纯粹是受到路上×波的影响吧。我是在见到他之后,才真正了解在宗教领域中,创教者与门徒之间的心理纠葛。首先,门徒会自觉背叛创教者;而我们受到"目的波"与"成就波"的诱惑,感觉自己就像叛徒犹大一样。

松田:或者是为了钱而变节。

藤森：创教者自己一定不为所动；但我们不同，自觉背离正途，接着就会去思考存在的意义。或许众门徒跟耶稣之间的心理状态也是如此吧。然而，耶稣完全不知道门徒心中的矛盾；林丈二也不晓得我们内心的挣扎。

赤瀬川：他虽然没有看穿，但看到我们做的事，应该自然就会发现我们其实是跟他背道而驰的吧。（笑）

藤森：没错，除了井盖之外，他还观察像狗大便、鞋底嵌入的砂石、砖墙上的小洞等各式各样的细节，他接触到的东西，仿佛都散发出特殊的光芒。这不就像耶稣产生奇迹一样吗？传说中，麻风病人只要接受耶稣碰触就能痊愈。世界上各种宗教好像都有这类关于触摸的神迹。而我们这些门徒就应该把各项奇迹记录下来，让大家知道。就像《马太福音》，我们也该整理出《托马森福音》《建筑侦探福音》之类的。（笑）

赤瀬川：没错。刚认识林丈二时，我们去他家看幻灯片。原本大家都以为他只研究井盖，没想到一直看下去，居然看到各种各样的主题。在回程的电车上，我们这群人有好一段时间都说不出话来。

藤森：记得当时我们是搭西武线的最后一班列车，车厢里没有其他乘客，我们这四五个大男人坐着一言不发。像赤瀬川兄是因为深受震撼，不想说话，正在写些东西。我们其他人则是为了不同理由而保持沉默；当然也是因为感觉到，好像只有我们这群人会为这类发现而感动，有点难为情。这情况就像听到"我观察狗走路的样子，当右撇子的狗在路左侧边走边小便时，还会朝后望一下"这样的话，心里有所触动，同时又觉得摆不上台面。所以我边观察大家的样子，边想："如果可以直接说出心里的感觉就好了。"（笑）不过，当电车开动时，我们几个人还是爆出一句："好厉害啊！"（笑）

松田：这就是神的启示忽然降临了。（笑）听你们回想这段往事，我想起自己曾遇到纳豆包装的搜集狂。虽然还不至于像见到创教者一般，但大概也就是这种感觉。

赤濑川：没错没错，我曾在《艺术新潮》杂志发表过一篇《东京封物志》，内有林丈二的事迹，也提到有些人搜集火柴盒标签的例子。我有写藤森兄刚才说的这段插曲，而且也写有遇到林丈二，让我们这些人觉得很安心的话。后来就收到读者来信，说自己也搜集了上百张纳豆外包装纸，一直以来都收集这些东西，却又想摆脱这样的嗜好。但读了那篇专文以后，猜想我一定认识搜集了上万张纳豆外包装的大师级人物，就拜托我务必引荐一下，这样他就会觉得自己得

救了——不过才搜集几百张而已嘛。（笑）

藤森：这不就是在寻求神吗？（笑）

赤濑川：是呀，寻求一种寄托。不过这也很厉害。说不定还真的有纳豆外包装的收藏家，只不过我不认识就是了。

藤森：那如果介绍他认识林丈二呢？

松田：这个人恐怕只有通过纳豆才能得到救赎吧。

藤森：关于林丈二还有一段小故事，跟使徒们的贪念有关。赤濑川跟我初次是以作家的身份见到林丈二；这个人实在会让人舍不得介绍出去。（笑）在第二次见面时，他只约了南伸坊，我们就觉得很不甘心，心想：为什么不找我们呢。（笑）基督教不是有所谓十二使徒吗？这个数字一定有个意义，我想他们大概是觉得："维持这样的人数就够了。"

以前我读基督教的《使徒行传》，根本无法理解他们的想法；不过认识林丈二之后，我大概了解是怎么回事了。

赤濑川：世界上果然有神存在啊。

藤森：可是我到目前为止还没见过神。（笑）应该还没吧，南伸坊在"第二次使徒召见"之前，有没有听过什么关于林丈二的事迹？

南：我其实是通过松田兄的介绍才认识的。

巴黎・圣奥诺雷郊区街			1980 年 7 月
rue du Faubourg - St. Honoré			**狗大便调查**
门牌号码	店家种类 店名		粪便形状 状态 特征
① 52	香水店 (internationale parfum)		有三小坨狗大便.
② 58	古董店 Au Vitux Venise		有一坨被踩过, 呈树叶形状.
③ 76	餐厅 Maxime's		有一坨约8CM, 墙边有一坨约2CM.
④ 108	画廊(挂毯) Galerie d'Art de BRISTOL		有一坨被踩扁黏在地上, 像树叶的形状, 黄褐带点黑色.
⑤ 118	画廊(现代美术) Pierre Cardin		直径4CM 被踩过的两大坨, 对面还有一坨, 合计三坨.
⑥ 122	不知是什么店 在香水店Tharmacit的 的门口 右斜前方		有两坨被踩过.
⑦ 124	化妆品美容院 Caillau		有九颗小粪便堆成一座山的形状, 被雨淋过后变得有点白.
⑧ 124	黎巴嫩旅游办事处 Office de Tourisun Libanais		有一坨绿中带黄的黏在地上.
⑨ 126	街角 书店 Libre moderne H. Picard et fils		在工程现场的石头上有两坨.
⑩ 126			一坨被踩过贴在地上呈丸状.
⑪ 130	大厦 感觉上是座公寓		有一坨感觉上像中型犬拉的, 大咧咧摊在地上.
⑫ 134	年轻的时装店 Olivie de Ofordes		有一大坨像大型犬拉的坚硬粪便, 旁边还有一小丸小丸的, 颜色很奇怪, 似乎是后来才拉的余粪.
⑬	街角 大银行 Societe Generale		有一中型犬的大坨, 卡在街角地下换气口的旁边. 同样的句子上, 旁边有一坨, 下方有一坨, 应该是中型犬的大便. 另有一小型犬的大便贴在旁边的墙上, 有两坨. 下面还有中型大便一坨, 小型大便一坨, 是靠近黑色的深褐色.
⑭ 166	旧书店 Jadis et Naduére		直径4CM与直径3CM的共两坨, 被雨淋到塌掉.
⑮ 168	家具店 Cassina		有一坨黄色的, 被踩过以后, 感觉很脏.
⑯ 168	在 Cassina 隔壁的旅行社		像排水沟似的凹陷处, 有两条应该是小型犬的粪便排在一起.
⑰ 168	街角 室内装潢用品店 Formes nouvelles		电线杆旁边有一颗孤零零躺在地上, 推测是小型犬或中型犬的大便. 另外一坨是两条交叠, 看起来像刚拉完. 闪烁着茶色. 合计两坨. 小型犬拉的中型大便, 有一坨是中间细两头大, 旁边的就像打不倒翁一样卧在地上.
⑱ 174	铁卷门拉下来不知 是什么店 Jacques de pourbay gerald de graf		
⑲ 174	画廊 Galerie Andre Pacitti		有两种颜色的狗大便被踩过黏在地上.
⑳ 178	古董店 Godard Desmarest		有一坨像鞋子踩过糊成一片, 四周还有鞋底抹在地面的痕迹.
㉑ 178	街角 古典画廊 Objets et Art		有四个踩过大便的脚印, 之后为了清理鞋底抹在地面的痕迹.
㉒ 137	公共建筑长围墙的某处		在一大堆乱的大便中, 有四块超大的是粉红带灰的怪颜色, 还有一坨被踩过.
㉓ 133	上述地点的隔壁		七颗绿色的随性地排放在地面, 被雨淋湿.
㉔ 129	咖啡厅 Griffon		巧克力色的大型犬粪便堆得老高, 很眼.

《巴黎圣奥诺雷郊区街狗大便调查》, 出自林丈二:《欧洲 check list》(1984 年)

㉕	111	皮衣店	Andre Chierry Fourrures	被雨水冲散了,不太清楚,但确实有一坨。
㉖	105	女装店	Antonella	停车计时器下方有一小坨大便很显眼。
㉗	101	甜点店	Dalloyau Gavillon	有一坨被踩扁。
㉘	101	肉店	Nivernaises	有一条刚拉的,弯曲形,还有一条呈长条状,合计两条。还有一坨似乎已经拉了一段时间,像座小山似的大便,在40cm远的地方。
㉙	91	大厦一楼的童装店	Tartine et Chocolat	这里似乎是狗大便集中的地方,有一坨隆起的大便,应该是大型犬所留,不远处还有一坨,在对面很快又看到一坨,似乎是小型犬所留。在这坨对面,有一坨被踩过。
㉚	77	化妆品店	Germaine Monteil	有一坨被踩扁,不远的道路上还有一坨,另外还有一些小型犬的大便四处散落,共七个。
㉛	75	美术书店	Martin Caille Matignon	有一坨被踩扁。
㉜	69	古董店	A.S. Khaitrine	有一小坨,看上去很有黏性。
㉝	45	银行	La Compagnie Financiere	在写着"外币兑换"等字样的玻璃前有一坨。

*特别一提,上述门牌43号距离爱丽舍皇宫很近,因此应该打扫得很频繁,不太能看到狗大便。从爱丽舍宫往皇家街(Rue Royale)走,沿路只看到这一坨。

| ㉞ | 11 | 高级女装店 | Cesare Piccini | 与雨塾浪凡(LANVIN)连接处,有一坨被雨冲散的。 |

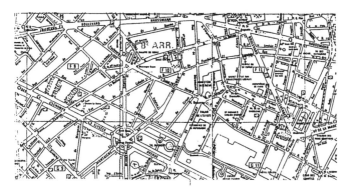

1984年欧洲旅行
放屁记录

实施期间 ———————— 4月14日~5月20日 共计37日

| 期间内放屁次数 ———— 201次+α (+α是没数到的次数，大约只有几次) |
| 一天平均放屁次数 ———— 约5.4次 |

放屁声 BEST.10		数量
第1名	BUUu（包含BUU!）	20
⁝	BUU（包含BU—!BU—,BU—u）	⁝
第3名	BUu	14
第4名	BU—u（包含VUU—!BUU—,BU—u）	9
第5名	BOON	6
⁝	Bi—（包含Bli—）	⁝
第7名	BURii	4
⁝	BIU	⁝
第9名	BU—U	3
⁝	BAFU	⁝
⁝	BUFU	⁝

《1984年欧洲旅行放屁记录》，出自林丈二：《欧洲check list》（1984年）

1984年欧洲旅行放屁采集 （在飞机上忍住不放屁时想到的点子）

日期	时间（日本时间）	地点	声音
4/14	AM 11:26	安克拉治机场厕所	BURli, PUu, PUu
	PM 3:08	巴黎朱诺（JUNOT）大道	BUBURi
	5:02	巴黎饭店的房间	BU—U
	11:54~56	〃	BUu, BERli
4/15	AM 0:32		BABUu
	PM 1:32	巴黎卡鲁索塞尔桥上	ZUSUu 漏屁
	5:42	〃 饭店前	SUSUu 漏屁
	51	〃 饭店的房间	BUu
	58	〃 饭店的厕所	BUUu 之后连放数次
4/16	AM 2:37	〃 饭店的房间	BURIBON, DOBUu
	直到起床	〃	BUN, BUN, BUN
	7:55	〃	BUN
	PM 6:58	〃	BUBli
	8:05	〃	BUBli
4/17	AM 4:10	〃	BUBU-N, BEBIN
	6:56	〃	BUZUN
	PM 0:30	往英国福克斯通的船上	BUSUBIIN
	50	〃 船上的厕所	BUZU-N, BUBI-N
	9:13	伦敦饭店的房间	BUBIN
4/18	AM 4:10	〃	BABUN
	40	〃	BUUu
	5:30	〃	BIBUN
	54	〃	BUUu
	PM 7:38	〃	BUUu
	8:41	〃	BUu
4/19	AM 5:56		BUUu
	6:00		BUu
	10	饭店的厕所	BUPI—
	PM 9:10	饭店的房间	BUU—u
	20	〃	BUu

《1984年欧洲旅行放屁采集》，出自林丈二：《欧洲 check list》（1984年）

饭店房间 Check List

洗脸台的出水口是左边或右边用 |↓|↑| 来标示
- 电灯开关　↑↓→←按
- "排水漩涡"的方向
- 附设的杯子　P1, G2 等　P=塑料　G=玻璃
- 水龙头的构造

废纸篓　　　篮子　脚踏开关式　　塑料(塑) 不锈钢(钢) 附盖(盖)
以篮 OR 踏来标示　　塑料桶(桶)　墙上

衣柜可否上锁
- ✕ —— 无法上锁
- 🔑 —— 附钥匙
- 🔑✕ —— 有钥匙孔但无钥匙

衣架数量

天花板有无电灯　没有才打 ✕

夜灯　以墙、立来标示　墙—设于墙上　立—立灯式，故障✕

书桌及茶几　用 D —— 书桌，大 T、小 T —— 茶几

椅子数量

电话　壁—壁挂式，桌—放在桌子上，内—内线电话机

床铺形式　

、尺寸　　　宽 × 长

《饭店房间 check list》，出自林丈二：《欧洲 check list》（1984 年）

何谓路上观察 127

饭店房间 Check List (1)

都市名称	镜子 宽×长	肥皂	电灯开关	「排水槽道」的方向	附设的杯子	水龙头的构造	废纸篓	衣柜可否上锁	衣架数量	夜灯	书桌及茶几	电话	床铺形式	尺寸
巴黎	无	无包装	○	→	∽	G₂	A	篓	✿	6	○	墙² T×/T◆	/	C	1425/1930
伦敦	565×648	无包装	○	×	∽	G₁	B	篓	✿×11	○	×	墙² T◆	/	×	1220/1870
爱丁堡	×(改装中)	无包装新品2个	○	×	⌒	×	B	篓	×	5	○	墙² Tᴅ₁/h	/	×	B	970/1880
格拉斯哥	303×459	无包装新品2个	○	×	⌒	G₂	B	篓	×	6	○	立² Tᴅ₁/h	/	×	B	1000/1930
因弗内斯	450×298	无包装新品2个	拉绳	⌒	⌒	P₁	B	篓	×	11	○	立² T◆/P₃	2	×	B	860/1890
伦敦	403×558	无包装新品1个	按	⌒	×	B	篓	✿×3	○	墙² T◆	/	×	B	920/1900
瑟堡	358×479	无	○	按	⌒	G₁	C	整篓	✿	3	○	墙² D◆	2	×	B	1280×1860/1380×1880
图尔	296×420	无	○	←	∽	G₁	A	整篓	✿	5	○	墙² T◆	/	×	C	1375/1860
拉布尔布勒	∅ 345	无	○	↓	∽	G₁/P₃	E	整篓	×11	○	墙² T◆	2	×	C	1330/1830
图卢兹	418×597	盒装1个洗发精1瓶	○	←	∽	G₂	C	篓	✿	3	○	墙² Tᴅ₁	/	桌	C	1375/1850
巴约讷	417×598	无	○	↓	∽	G₁	C	整篓	×	2	○	墙² Tᴅ₁	/	桌	C	1290/1850
圣塞巴斯蒂安	498×390	冲凉露1个使用过	○	×	∽	G₂	B	×	×	9	○	墙² Tᴅ₁	/	×	Bᴬ	960/1835
布尔戈斯	328×420	大块使用过	○	×	∽	G₁	B	整篓	✿	5	○	墙² Tᴅ₁	/	×	B	1060/1820
莱昂	305×402	大块使用过	○	↑烧焦	G₂	B	整篓	✿×	5	○	墙² ₊ₕₜ	/	×	C	1300/1800
拉科鲁尼亚	∅ 397	有包装小块新品1个	○	↑	∽	G₂	B	整篓	✿	5	○	墙² Dᴅ₁	/	×	C	1340/1870
圣地亚哥	540×420	有包装小块新品2个	○	↑	∽	G₂	B	整篓	✿	5	○	立² NT2₁	/	×	A	1870/1910
维哥	×	新品2个	○	×	×	G₁	C	整篓	✿	4	○	2² NT2₁	/	×	C	1370/1850
波尔图	347×499	冲凉露1瓶	○	∽	G₂	B	整篓	✿	9	○	墙² P₀₁	3	桌	C	1300/1800
里斯本	358×449	无	○	↓	⌒	×	B	整篓	✿×	/	○	墙² T×/P	2	桌	B	1270/1870
里斯本	343×449	新品1个	○	↑	∽	G₁/P₂	B	整篓	×3	×	墙² Dᴅ₁	/	桌	Bᴬ	900/1800
卡萨雷斯	375×29 做成推拉门	新品1个	○	↑	×	×	B	整篓	✿	3	○	墙² Dᴅ₁	/	×	B	900/1830
塞维利亚	350×440	无	○	×	×	G₂	B	×	×	×	×	墙²	×	2	×	A	920/1870
格拉纳达	350×564 门局式三片	有包装小块新品一	○	↑	∽	G₂	D	整篓	✿×	7	○	墙² Dᴅ₁	/	×	B	920/1800
科尔多瓦	450×600	无	○	↓	∽	G₂	B	整篓	✿	7	×	墙² Tᴩ₁	2	×	B	820/1810
马德里	479×357	无 有包装小	○	↓	∽	G₂	B	整篓	✿	10	○	墙² Tᴅ₁/h	2	×	A	910/1870
萨拉曼卡	591×724 圆面	小块小纸品	○	↓	∽	G₁	B	整篓	✿	5	○	墙² Dᴺᵀ₁	/	×	C	920/1840
巴塞罗那	540×419	小块小纸品	○	↓	∽	G₂	B	整篓	×	3	○	墙² Dᴺᵀ₁	/	×	B	925/1850
巴塞罗那	∅ 435	无	无	○	↑	∽	G	A	A'	整篓	✿×	9	○	×	墙² ᴺᵀ₂₁	/	×	B	920×1830/1900
里昂	480×718	无	○	↑↑	∽	G₁	A'	A'	整编	✿×	9	○	×	墙² Tᴩ₁	4	桌	C	1235/1870
里昂	419×499	无	○	↓	∽	G₁	C	整篓	✿	11	○	墙² T◆	/	×	C	1315/1860
都灵	390×630	新品小块洗发精1瓶	○	↓	∽	G₁	A'	整篓	✿	8	○	立² Dᴅ₁	2	桌	C	820/1870
米兰	393×720	无 三片一张	○	↓	∽	G₂	A'	整篓	✿×	16	○	墙² Dᴅ₁	/	×	Aᴬ	910/1810
曼托瓦	420×430 圆面	新品小块	○	↓	∽	G₂	A'	整篓	×	6	○	墙² Dᴺᵀ₂	/	×	A	920/1950
佛罗伦萨	417×538	无	③○	↓	∽	G₂	A'	整篓	✿×2	○	×	墙² Dᴺᵀ₁	2	×	A	815/1870
佩鲁贾	598×598	无	○	↓	∽	G₂	A'	整篓	✿×6	○	墙² Dᴅ₁	/	桌	C	12.20/1818
罗马	400×750	无	⑧○	↓	∽	G₂	A'	整篓	✿×28	○	墙² Dᴅ₁/Nᴛ₂	2	×	A	/1890

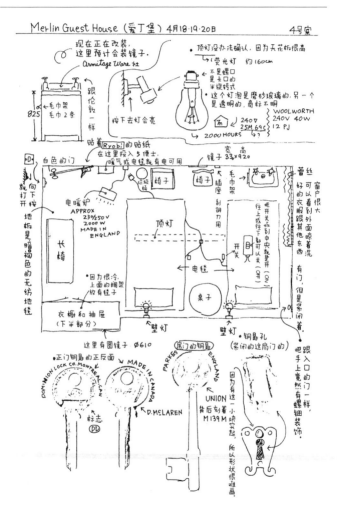

《爱丁堡梅林旅馆》，出自林丈二：《欧洲 check list》（1984 年）

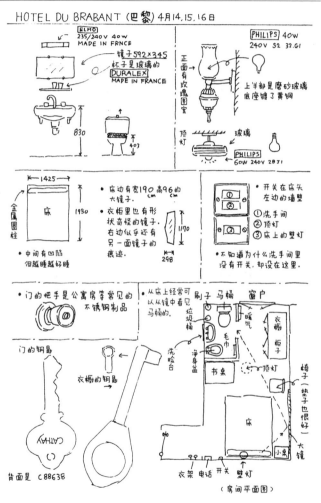

《巴黎杜布拉班酒店》，出自林丈二：《欧洲 check list》（1984 年）

松田：我是听到赤濑川老师说了之后，单独跟他碰面，才成为"使徒"的。（笑）

南：他是先上了NHK的节目（《摄影棚L》），然后才在家里举办幻灯片聚会……一开始听到有人专门研究井盖，我心想大概就跟搜集火柴盒标签差不多吧。结果去了才发现，他还观察像洗手台的水流旋涡这类细节，去旧货市场买水龙头什么的，做了各种观察。但最出人意表的还是他最后拿出来的笔记，让我觉得非常震撼。

赤濑川：他的笔记里写了些什么？

南：他的笔记本里记载了各种各样的观察，大概有30种项目吧。

赤濑川：譬如饭店的楼梯究竟是逆时针还是顺时针方向……

松田：那应该就是他在欧洲旅行时的笔记。而且还不止呢，他还会记录冰棍上印着的字样，是"中奖"或"感谢惠顾"；或整整一个月都在换餐厅，每天尝试不同的午餐；或坐公交车完成市区的"一笔画"。观察范围包罗万象。

南：他还把自己喜欢的地名列成清单，这种做法很可爱。

上：《建筑物的纪念品——一木努收藏》，INAX，1985 年
左下：米井商店的屋顶装饰；右下：海上大楼新馆电梯大厅的金属装饰物，
  出自《建筑物的纪念品——一木努收藏》

收藏者与外星人

松田：一般的收藏者有个倾向，就是容易变得眼光狭隘。

赤濑川：说到原因，应该是心存贪念吧。免不了会想成为这个领域的第一名。

松田：或是渐渐染上商业气息。现在年轻一辈所谓"御宅族"收藏者，会搜集电影手册、老漫画、卡通人物的造型玩偶，然后宣称"我有这些东西"，以此进行交易。这样就变成在做生意了。

藤森：我们这群人并不是在搜集什么东西，譬如"托马森"就不是什么可占有的物品。我们建筑侦探团也不是在收藏建筑，招贴、告示更不能随便取下来，只能观看。林丈二自己也没有在搜集东西。

松田：不过一木努好像稍微有点儿不同。

藤森：他的情形就没办法了，因为他本来就是在捡拾建筑物的碎片。

赤濑川：他是为碎片留下观察笔记。

藤森：没错，是记录。

松田：他其实是通过那些碎片回溯建筑的历史，或唤起属于他个人的记忆，建立一种个人史。

赤濑川：不过说来有趣，人啊，都有犹豫不决的时候。有次他发现自己母校楼梯的瓷砖剥落,脑海中一瞬间闪过"啊,我该怎么办"的想法。能够因为这是已经从建筑物上脱落的,就自己捡回家吗?不过那栋建筑又还没坏呀……怎么想都觉得不妥,最后竟然自己带着水泥把瓷砖贴回去了。(笑)

藤森:真是段佳话。

赤濑川:我心想,果然像他的作风。

藤森:他可能会不自在一整晚吧。

赤濑川:忍不住觉得心痒。

松田:如果一木努会做这样的事,那他就不算收藏家。收藏家为了想要的东西,哪怕盗窃、杀人,都下得了手。

藤森:所以他们倒也不是什么东西都想占有。

南:所谓的收藏家,也应该得到某种社会认同吧。

藤森:的确是这样没错。很久以前,社会上就有所谓"收藏家"的存在,可是性质又跟我们正在做的事情不太一样。

赤濑川:像我们专门注意无法据为己有的东西。这是其中最有趣的一点。或许是这种角度跟神比较接近,稍微脱离凡人的境界。

藤森:超脱这个世界的一般人。

赤濑川:变得跟普通人有些不同,就我来说,大概就是与神稍微接近一点,摆脱身为人类的负担。

松田:又有点像赤濑川兄之前说的,有点像外星人乘着飞碟来地球……

藤森:譬如"林丈二外星人说"吗?

赤濑川:仔细想想,其实外星人跟神不就像亲戚一样吗?

南:两者同样都不属于人类的范畴,也都跟人无关。大概就等于摆脱了"生而为人"这件事吧。(笑)

赤濑川:所以不是"生而为人"。(笑)而是"生而为神"。(笑)

藤森:赤濑川兄,请问一下,所谓"林丈二外星人说",又是怎么回事?

赤濑川:每个人第一次见识到林丈二观察的成果,应该都会觉得很震惊。为了平复自己的情绪,就会想:如果外星人登陆地球的话,做的大概也就是这些事情吧。这些观察乍看之下好像没有明确的体系,就像地球上的各种事物一下子涌到眼前,完全没有什么秩序。

藤森:就像外星人一样,什么都没见过。

赤濑川:连道路是什么都不知道。

藤森:看到水也觉得很新奇,因为看起来像玻璃,试着站在上面,结果一踩就沉下去了,便心想:这是什么东西啊。

赤濑川：而且还会不明白道路为什么会转弯。（笑）

藤森：这个问题可相当严重。而且居然还会倾斜，究竟是什么原因呢？

赤濑川：连饭店的楼梯都分成逆时针跟顺时针方向两种结构……

藤森：在记录分析之后，才明白原来一切纯属偶然。在地球上，偶然对文明的影响力真的很大。（笑）

赤濑川：原来是位什么都不懂的神啊。

以孩子的眼光看世界

藤森：目前神学有一种观点，主张神并没有亲自创造万物，只在世界刚形成时塑造了一些东西，譬如引起大爆炸创造宇宙之类的；所以他只是造物主，并不晓得后来发生了什么事。我们可以想象这位神想到"自从大爆炸以来，已经过了几十亿年，该去地球上看看现在到底怎么样了吧"，然后发现竟然变成了这样。（笑）

赤濑川：也难怪他对现在世界上的状况与细节一无所知。

藤森：就像睡了几十亿年的午觉，醒来后来地球看看（不论大家觉得他像外星人还是神明），我想林丈二的情形大概就是这样。

松田：如果从我们这些使徒的角度来看，孩子跟神会比较接近。赤濑川老师先前提过浅田彰与《儿童的科学》杂志，不过从小朋友的眼光来看，坡道这种东西的确很不可思议，既可以向下走，又可以往上爬。

赤濑川：到国外时，如果大人发现水龙头冷热水的位置跟日本相反，只会觉得"反正有热水可以用就好了"，不会再多想下去。但孩子就会一直想"为什么左右相反呢"……

松田：赤濑川老师在美学校讲课时，提过石膏素描的例子，我听了觉得很厉害。

赤濑川：为了掌握明暗、阴影这类技巧，学画的人一定会画石膏模型，练习以黑白的方式画出阴影。如果叫孩子画，他们常常会跑到石膏像旁边，紧盯着看，边看边画。等画完后，我们会发现孩子画的脸上都有一条直线。（笑）大家应该都知道吧，那是制作石膏像时的接痕，只要近看就会看出来。其实我第一次画石膏像素描时，也曾想过："到底要不要画啊？"还偷瞄学长的画，发现他们都略过表面上的接痕。我想"原来是这样呀"，才跟着照做。孩子比较率真，看到什么就直接画出来。这些线条在真实世界中明明存在，但我们却视若无睹。

藤森：只要是孩子，就会察觉到吧。所以路上观察的基础之一，就是儿童般纯真的眼光。像我们这些人既当不了神，也成不了外星人，不过大概还可以重返少年时代。

赤濑川：就是因为这样，所以说感觉与神"接近"。

藤森：像南伸坊一开始就进行考现学，看起来就是娃娃脸，感觉上好像残留着某种少年般的气质。

松田：所以童心是使徒最先决的条件啊……

南：嗯。可是我们说"像孩子一样"或"像少年般"时，好像已历尽沧桑，想从既有的事物中寻求与众不同的例子，脱离常规。但小朋友没有刻意要怎样，自然而然就会异想天开。现在的孩子已经越来越循规蹈矩，所以所谓的"超乎常人"的状态应该是……

赤濑川：与神接近的孩子吧。

松田：或者说，像最早的儿童。

赤濑川：没错，类似孩子的标准"原器"。

藤森：刚生下来的孩子，睁开眼睛看到这个世界，大概就是这种感觉。

赤濑川：没错，会注意到石膏像的接痕线。

藤森：那与青少年相比又如何呢？少年的特征是会尿床。

赤濑川：这么说，难道南伸坊……（笑）

藤森：南伸坊一直都有尿床的习惯吗？

南:我可从来没这种习性啊。

藤森:据说尿床反映出一个人的幼儿特质,那赤濑川兄……

赤濑川:唉,我到中学还在尿床。

藤森:我过了小学五年级才结束尿床。听说林丈二到现在还会喔。(笑)

都市的衰亡期与救世主

南:话说回来,我觉得林丈二这个人真的很有意思……

藤森:我们这些人都是别人看着觉得有趣,其实自己并不觉得。不过,每个人看待自己做的事都是严肃的。

赤濑川:这就是佛家所谓的"业"。(笑)

藤森:也说不定当我们在欣赏林丈二的观察记录,看他的笔记得到疗愈效果,可是他本人却不觉得那么有趣。

赤濑川:说不定真是这样。可是这也没办法啊。

藤森:谁晓得神到底怎么想?我们都没有当神的经验,神又都不提自己的心情。所以林丈二的想法永远都是个谜。(笑)

南：不过，这方面应该跟一般人没什么差别吧。

藤森：嗯，不过反过来看，这也是神的条件。神既超凡入圣又跟凡人相同，存在于悖论之中。

松田：所以与其说是神，不如说是耶稣基督吧。

藤森：对，就像耶稣基督，光用神来比喻还不够精确。

松田：因为我们现在说的不是抽象概念的神。

藤森：引发大爆炸的神，即造物主，他的儿子自诞生起就承担了命运。在出生时，有彗星陨落……

松田：所谓的知识体系也好、秩序也好，在博物学时代，或是还没有所谓的"大人的世界"前，其实每个人都在进行路上观察……

赤濑川：对，所有的人都会。

松田：等知识体系出现，就彼此抵触陷入混乱，于是进入某种衰亡状态，跟耶稣基督遇到的状况类似……

藤森：索多玛与蛾摩拉两座城在毁灭之前，耶稣曾来到这里警告"这座城市将遭到毁灭，赶快离开"，但没有人相信。说不定就是这样，姑且不论"目的波"是什么，当"成就波"覆盖全日本时，林丈二兄出现了……

松田：从这样的意义来说，今和次郎的考现学源自震灾后重建秩序的时期，现在的路上观察就某种意义而言,也建立于衰亡期或崩坏期呢。

赤濑川:当时是从破坏中重生。

松田:今日东京的架构是在大地震以后建立的。随着战争的洗礼、经济高速成长,城市有些部分消失,形成现在都市再开发的状态;西式洋楼就属于消失中的部分。所以如果要以都市论来谈东京这座城市,现在应该是到了末期。

藤森:的确有发现这一点。我走在街上,觉得最有趣的就是像刚才所说的国会议事堂邻近一隅,那里的时间仿佛停滞下来,散发着末日的气息。

工业革命时代与电力时代

赤濑川:之前与藤森教授聊天时,他对尿床这件事感到很惊讶,接着话题就聊开了。譬如我们都知道自己对电气制品不太在行,但现在的年轻人属于电器的世代,像南伸坊应该就会喜欢吧。

南:我总觉得,不论是赤濑川老师或藤森教授,找东西时都有某种美观上的讲究,譬如不排斥外表极简的"托马森",似乎就是某种对风雅及品位的执着吧。

藤森:嗯,我的确有这样的倾向,会讲求触感或质地这方面。

赤濑川：是这样没错。耐看的事物与会看腻的事物之间确有差别。之所以费力将"托马森"跟理论相结合，其中当然有这样的执着。说到无聊，托马森当中的确有几乎毫无趣味可言、非常乏味的东西。我们无法光凭理论说："啊，这就是托马森，好棒。"如果把某种韵味当成趣味，又明明不是这么回事。或许是理论尚未分化，无法以现代的"托马森科学"加以解释。（笑）

藤森：这样的例子让我想起最近的一些比较特别的领悟，譬如最近有人觉得浅田彰与儿童的科学很有趣，博物学的趣味也是最近才受到注意的，还有我们这些人眼中所见的铸铁，或将井盖视为铸铁的代表等，其中的确颇有意思吧。

这些相关事物几乎都出现在18世纪欧洲工业革命时期，相当于日本的明治初期；也就是近代社会的碎片。在这之前的东西实在不太有趣。譬如江户时代的物品，像长火钵这类带有江户趣味的东西就没什么意思，无论如何还是近代工业革命后的产物比较好玩。不过，我这说的是工业革命早期的东西，不是发展到目前的结果。

松田：不过提到江户时期，除了宫武外骨之外，杉浦日向子对平贺源内、山东京传也很感兴趣。这段时期应该算是近代了。

藤森：这样很好，江户人当中也有一些比较具有新意的人。

松田：最近的江户研究应该也是这样吧。江户属于前近代，所以不局限于封建社会，事实上江户的城市文明已相当进步。根据最近的江户研究，当时已发展成资本主义社会。所以在追求各种不同嗜好的人们眼中，所谓的江户趣味究竟是什么？

南：为什么觉得江户趣味不好玩，应该是制度化的缘故吧。制度化形成了某种框架。

藤森：这可以说是个完全消失的世界，我们身边应该已经没有什么东西蕴含真正的江户趣味了吧。

南：的确有同感。

藤森：再回到前面说的电气化的问题。自工业革命以来，一言以蔽之，可说是机器的时代；更简单地说，是蒸汽火车的时代。机械师看得见全部构造；因为机器就是以这样的方式运作，也以这样的方式流传下来。

赤瀬川：就像平面图。

藤森：可以看到平面图。所谓儿童的科学也像工业革命一样。这种科学是请铁匠铺的大叔帮忙制作蒸汽引擎，进行简单的实验，其中有很多错误与简省，所以才有趣。

赤瀬川：所谓"时机"这个词很适合这个时代。

藤森：嗯，很贴切。譬如车轮"哐当"地推动、蒸汽"咻"地喷出。在我看来，那个世界正在衰亡，开始被电气的世界、看不见的未知世界所取代。崭新且无法预测的电气时代正要开始。

我喜欢电线杆，那是城市中唯一看得到的电力象征，所以假使把缆线埋在地下的话就……总之，要看得到电线杆我才安心。电力啊，不管你有多神气，把你架在那里就不能嚣张了。（笑）

电线杆也好，烟囱也好，像这样令人熟悉的景物正在逐渐消失，整个世界渐渐改变为由埋在地下的电力所支配，只留下制度与系统。我觉得这样很可怕。所以要回头看：属于我们时代的起点究竟是什么？于是就会注意到铸铁制的井盖、博物画或儿童的科学。

赤濑川：我觉得这跟数量也有关。由于事物开始消失，除了影响到物体的质感，另外还有一点，就是人们会如先前所说的，倾向于搜集自己没有的东西，甚至包括会哔哔作响的电器，不过最后应该还是不会去刻意收藏。电力这种东西是以网络的形式呈现的，由于互相关联，无法私人拥有，这也是其中的乐趣所在。

这样思考之后，我发现我们对于物质世界中无法占有的东西特别感兴趣。就某种程度而言，似乎回到从前，与过去产生更多的关联。像裁缝在缝衣服时的倒缝针脚。所以，既然是网络的结构，最后不论是托马森或井盖，或者是建筑碎片，都能通过这个网络聚集。所以，虽然有点难以说明，关于物件要开始使用电力的现象似乎……

藤森：若提到过去的电力，就是准电力了吧。

赤濑川：所以构造上有些部分会有些重复。

招贴的趣味

藤森：同样的情形可以拿招贴作例子。这些告示可说是今日海报的雏形。

南：反过来说，现在的形式是在复习一开始的形式，假使连报纸广告都出现手写的文字就会有点奇怪了。招贴比较接近现在的海报，应该说，这些海报也想要有招贴的活力。

藤森：看了南伸坊的《招贴考现学》，觉得最有趣的莫过于当事人想正确地传达出自己想说的话，写在纸上并张贴出来。但招贴令人感受到的窘迫，与尽可能想努力做好的心理有些反差，产生奇怪的表现效果。

南：的确是这样。

南伸坊：《招贴考现学》，实业之日本社，1984 年
图上的文字：终于出版！期待已久的梦幻名著，终于付梓发行。那就是南伸坊的《招贴考现学》。这本书，就是这本书！只要拿到收银台，付了钱之后，就可以得到这本书！

藤森：招贴的世界感觉与近代社会的初期状态有点相似。

南：当《漫画圣代》的《招贴考现学》刊载到第二百期的时候，觉得如果再照样继续下去，也只是重复而已，所以将两百期的内容整理后分为两册，想说就此告一段落，当然也因此回顾了许多招贴。最后一期选的内容是，有条高架路，下方是屋顶，道路通往高处。小朋友似乎经常朝那里丢石头，因此这家主人立了块告示，声明禁止丢石头。大概是"好孩子不乱丢石头"，这实在是……

藤森：看到"好孩子"会让人觉得火大。

南：嗯，就是这样，所以绝对不会有"各位好国民"的说法。像"你们这些好孩子"之类的称呼方式，好像已经是一种惯用说法。同样地，最早说出"各位好国民"的人，是以为先前有这种说法，就这样沿用下来。当事人没想到要改变这个说辞。

松田：就像不懂语言的意义。

南：嗯，因为想说些什么，于是"好孩子"这样的词就出现了。

藤森：虽然算不上坏孩子，但也会想来点小小的恶作剧。写告示的人虽然明白这种调皮的心理，但也希望不要再继续下去。出于想传达这样的心情的愿望，结果一下笔就写出了"好孩子"三个字。

南：似乎对告示还存有一些期望，觉得孩子们看了之后就不会再继续这么做。

赤濑川：仿佛如果好好讲就会听。

南：告示如果持续这样制作下去，就会渐渐脱离一般的形式，反正贴出来也没人好好看——多少会产生这样的念头吧。只要自己张贴过一次就知道，其实没什么效果。譬如之前青林堂贴出"请勿敲门"，还是有人对着那里"叩叩叩"敲个不停。（笑）像这样的告示是没什么用的。

藤森：南伸坊的《招贴考现学》是从什么时候开始的？

南：一百期大约要花两年，所以应该是从四年前开始。

藤森：大家走在路上时都会看到奇怪的告示吧？但因为我没有研究这一类，虽然心里有点好奇但不会特别在意。不过，既然知道南伸坊在采集数据，就会通知南伸坊；发现托马森就转告给赤濑川，这样对精神健康很有益，最近我觉得获益良多。如果看到奇怪的店名，其实也该委托谁来专门研究一下。譬如我家旁边有家伊庭野牙科，虽然发音是"iwano"牙科，但也可以把汉字读成"iteiya"牙科。（笑）还有一个不太

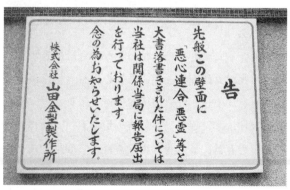

出自户崎利美:《广告牌目录》, 1985 年 11 月

吉利的,叫作"花轮内科"[1]。

赤濑川:我之前和美学校的学生们一起走在街上,看到"奥齿科"的招牌,是"okubaka"。

南:这家只看白齿。(笑)

松田:有位户崎兄专门搜集这类有趣的广告牌。

藤森:虽然也可以自己一个人搜集,不过真要认真起来,恐怕会寸步难行吧。(笑)

松田:范围包罗万象。

藤森:是的。原则上来说,这个世界的任何事物都可成为观察对象。

松田:唉,林丈二兄就是这么做的。

赤濑川:正常人大概会累死吧。(笑)

设立路上观察学会

松田:时间所剩不多,我们来做个结论吧。

南:路上观察是没有结论的。

赤濑川:不可能做出结论。(笑)

藤森:路上观察没有结论,是种入门的领域。反过来说,如果路上观察要建立体系,深入调查的可能性已经消失,只能像博物学一样横向发展。

南:原本就是脱离常规的事物,但免不了受到"目的波"与"成就波"的影响,一点点地偏离,果然……如果能编成书会很棒,因为跟今和次郎他们所从事的考现学一样,会逐渐衰退的吧。不过即使这样也没关系,这跟书会不会卖、有没有人读无关,反正它一直都是个比较冷僻的学问……

藤森:所有的东西都可以当成物件,所以有无限的素材。这么一来,每个国民不就有各自的路上观察观了吗?(笑)

南:这样看到别人做出来的东西也会觉得很有趣。(笑)

藤森:没错。会想说"哇哦!"或"输了"之类的。每个人进行一种路上观察,这样的时代已经来临。有关电影、音乐、文学的话题,在这个时代成为知识分子主要的谈话内容。现在,路上观察更会成为话题的核心,譬如"你在做什么?""没事,我最近正在研究矮墙"(笑)或"我对电线杆特别感兴趣",等等。(笑)

赤濑川:说不定会演变成这样。为了成为个中翘楚还跑到国外采集呢。(笑)

藤森:我们是使徒,只要有人购买、阅读我们写的福音书就好。(笑)

赤濑川:在追寻城市中物件的时候,迎面而来的人也在进行路上观察。不像在美术课上画肖像,路上观察并没有标准。一边进行观察也同时被观察，成为被观察的对象也很有趣。

藤森：就像欧洲的基督教一样，路上观察将亚洲人的心凝聚在一起。（笑）欧洲的基督教与日本的林丈二将成为世界史的开端与结局。（笑）

南：每个人的观点都不一样，这么一来就会呈现其中的差异。因为蕴含了个人的眼光。如果各种各样的人展现出各种观察，一定会很有意思。

赤濑川：真的非常有趣，因为能用到他人的智慧。

南：如果用在杂志上应该会很不错，可以开放让大家投稿。

藤森：或组织所谓的路上观察学会，每月发表成果。

赤濑川：正是如此，如果能实现就太好了，还可以举行国际会议。（笑）

南：加上"学"这个字就特别有趣。因为其中有落差。

藤森：没错，会觉得怎么都是些微不足道的小事。

南：不过感觉上所谓的学问本来就是这样，以往被形容得过于伟大了。在艺术领域也一样，总会觉得其实不是这样，应该更有趣吧。因此若刻意变成一门学问，或是像前述如科学般简洁的文章，即使是傻事看起来也会变得很有趣。若要说路上观察学，"学"这个字是有意义的。

藤森：就像原本博物学诞生时一样，成为一门学问的开端。我觉得这很有趣。

赤濑川：如果大家都朝这个方向进行，日本这个国度应该会受到净化，而变成众神的国度。(笑)

松田：那今天就谈到这里。

1985 年 11 月 14 日　于神田龙名馆

三 我的田野笔记

考现学作业

1970年7月—8月

南　伸坊

"那个在河川中间漂着的东西,看起来像什么?""啊?""那个啊,看起来像肉、肉块的。""对啊,看起来很像。""我怎么看都觉得像个胎儿……"

第一份作业（图见本书第 70–71 页）

在此向各位问候暑日平安。

信来迟了,请各位见谅。这是七月份的作业。

在开始这次的观察之前,公寓里有着这样的传言:有男人使用高性能的相机,透过门帘偷拍刚泡完澡的年轻人妻们在人前不会表现出的丑态。这让我的观察行动更加困难了。原本预定要做的持续观察,只好临时变更主题。

做学问真是难啊。

更何况我在观察时,根本连个小指头都没见到,只看到男人穿穿脱脱及膝短裤,一点甜头都没尝到。

真是无聊。

夏天得了感冒,之后恶化成支气管炎,"火柴斗争"(这是我替自己的收藏行动取的名字。其实就是到各地的杂货店搜寻还在使用的火柴盒)暂时告停,到目前只收集到21种。炎炎夏日,诸位请保重身体,下次再聊。

第二份作业(图见本书第74–75页)

恕我省略礼貌性的问候语,直接进入第二封信的正题。7月22日调查的记录,我已于8月12日整理完成,在此向各位报告一下。

此外,8月9日(星期天)我正要到调查地点确认地址时,脑海里突然浮现了新主题的灵感,于是立即付诸行动。这实在是一次不可思议的经验。由于太过戏剧性,我甚至有点担心,以这作为考现学的主题,会不会太没意思了。关于整件事的详细情况,我会在下一封信里说明。

关于"火柴斗争"事件,我成功地找到新的菊水印及 GOLD COIN 图案的火柴。但因没有可交换的物件,所以仅仅数量变多,种类完全没有增加,真是遗憾。都是因为夏天得了感冒,没能充分地行动,十分可惜。这句话六成是玩笑话和借口,但有四成是事实。真是不好意思。

就此搁笔,下次再聊。

第三份作业（图见本书第 77 页）

这次是第三份作业。

已经过了 22 天，夏天的脚步毫不停歇，日子一天一天溜走，真是烦恼。

至少还有四份作业要交。这次交完后，会一次交两份作业。

"火柴斗争"一事，朋友寄了印有燕子图案的古老火柴给我。龟户附近我找了很久，几乎都是时钟图案的，让人非常失望。之前，第二封信曾经提到这次作业是一种不可思议的经验，但过了一段日子再回头看，好像也没有什么大不了的；虽然还是有一种不可思议又奇怪的感觉。

下次再聊。

*

为了考现学的作业，我顶着大太阳走遍了龟户。因为要做 7 月作业的补充调查，我先到警察局询问道路名称，再根据电线杆的位置，记下每个垃圾桶的正确地点。调查不到一个小时就结束了，但我必须立刻选定下一个主题。因为7月偷懒，功课就增加了。

我经过堺桥的时候，桥下河岸的下水道的出口呈现鱼板状，宛如从外侧观看柘植义春[1]《山椒鱼》的第一幕。简直一模一样！昨晚我刚好拿出许久未读的柘植作品集，这种芝麻小事纯属偶然，却让我感到十分愉快。出水口附近理所当然会堆积许多漂流物，但竟和书中描写得一模一样，让我更加惊喜（说来也真是奇怪，我经常走这座桥，但几乎不曾仔细地看过河面）。

黑色的水面上漂着东西，就形成了所谓的"物件"，呈现出一种"意外"的美感（因为它们依然背负着作为日常用品的意义）。橡胶材质的枕头和显像管黏在一起，一旁全白的泡沫塑料轻飘飘地浮在水面上。凉鞋和西红柿也好美啊！我握紧拳头，在笔记本上敲了一记，当下就决定了作业的题目。

我靠着栏杆，把观察到的物件，一件一件写在笔记本上；这个过程让我乐在其中。我一边专心地做记录，一边听到桥上等红绿灯的货车司机在取笑我的长发。正当我要把视线从河面转去看他的时候，突然发现有个东西，正在河的中央缓缓移动。"啊！是胎儿！"这听来有点像是为了转移司机对自己的嘲笑而说的玩笑话。但就在我说出这句话的同时，肚脐下方突然出现一股奇妙的压迫感。我不由自主地对自己说："这肯定是幻觉！"但在"是幻觉、是幻觉"的自我催眠下，反而越看越像胎儿了，而且丝毫没有不愉悦的感觉。

专注地看着河面的我，看起来就像是个脸上写满惊讶的无聊男子。有个看起来20岁左右的年轻男子骑着脚踏车经过，他看看我的脸，又看看河面，脸上表情写着：有什么好玩的事，也跟我透露一下吧。

我下定决心问问那个男子。"那个在河川中间漂着的东西，看起来像什么？""啊？""那个啊，看起来像肉、肉块的。""对啊，看起来很像。""我怎么看都觉得像个胎儿，那是头……""怎、怎么可能！"说完这句后，男子蹬了一下河堤，踩着脚踏车走远了。

我觉得男子错过了最精彩的部分。我喃喃自语道"怎么看都像是胎儿啊！"我在笔记本记下"怎么看都像是胎儿的肉块"。写下之后，我更确信那就是胎儿，不会是其他东西了。

我靠近细细察看后，心头又是一惊。乍看像是手脚的地方，可以清楚地看到五根指头。这让我更确定它绝对不会是山椒鱼。我感到一阵心慌，暗忖着要报警才行，不由自主地往警局的方向跑去；但同时我又想到，或许警察会觉得我才是可疑的人吧。因为刚刚我才向他仔细问了路名，况且他也目睹我鬼祟地盯着垃圾桶看。他们不会相信我的，肯定！

我来到警局前面,正好是红灯。为了不被当成可疑人士,我只好乖乖等着信号灯变绿。我站在斑马线的这端,和对面警局前站岗的警察对望。信号灯一变绿,我马上小跑接近对方,而且尽量让自己冷静下来,表情如常。"我在对面花王香皂前的堺桥下看到胎儿……像是胎儿的东西漂过去。""啊!""没法看得清楚,或许是看错了,但还是请您前往鉴定一下……连指头都看得一清二楚。"

还好这位警察不是我刚才问路的那位。但果然,不出我所料,警察一脸狐疑地看着我。我又把整件事详细描述了一遍(也就是我记录垃圾的种类这些事情),突然觉得,把这种事说出来,只会更让警察觉得我行径怪异,于是我立即打住。

"河水是会流动的,请快一点。"我说出像演戏似的台词催促着。警察开始缓缓行动,先是示意我,"啊,别跟来!"接着转身往右方咚咚咚地迅速跑开,消失在里面的房间。我站在那儿也很尴尬,不得不暂时回到小小的巡逻亭。

我可以听见里面传来"有人发现类似胎儿的东西浮在水面"这样的对话。经过警局前的孩子们直盯着我看,好像把站在警局前的我当成犯人了,这让我觉得自己好像背了黑锅。

此时一位看起来五十岁上下的年长警察走了出来，突然朝着我问："名字？"并打算记在桌上的便条纸上。

我觉得有点不耐烦。"我就是无法确定，所以才希望你们过去看看，等确认完毕再问名字也不迟吧……"我把这句差点脱口而出的话硬吞回去。"说呀！"警察握着铅笔，眼睛直盯着我。

"让我自己写吧。"我接过铅笔，写下自己的地址和名字。"电话呢？"警察边看边问我。"我没有电话。"刚刚才走过去的小孩，又走回来盯着我们看。

我十分后悔为什么要来警局。竟然为了一个没有名字的、小小的人，专程来到警察局，我之前那种笃定的感觉消失了。

此时，先前那位年轻的警察从里面走出来，边套上白手套边问："在哪里？"我立刻站起来说："就在那边。"并用手指着比刚才更靠近下游的地方；因为我想应该要把水流速度也计算进去。但这么做似乎是错的。那附近的水面什么都没有。跑到河堤上边走边看着河水的警察，最后又走回了马路。

这下糟了！我不自主地跑了过去，警察也嗒嗒地追上来。来到刚才的地方，完全不见任何胎儿的"踪影"！我想起罗兰·托普的电影《奇幻星球》中的恐怖情节。这肯定是阴谋！明明刚才还在！

但这一开始就非关什么阴谋，而是因为某种力量，它又被推回了上游。我终于放心了。"就是那个。"我回答。警察又走上河堤，趋身上前盯着我指的地方看了半晌。"嗯,的确很像……"他说话的表情很复杂,"那是指头啊。"

思考了一会儿，他决定往下走，寻找有无相关线索。打从知道是胎儿后，我就想象那是个已经泡到水肿腐烂的尸块，靠近后应该会闻到恶臭吧。即使对方是把我当成可疑人物、盯着不放的警察，我却开始对他心生怜悯。

"一个人应付不来吧，我再去请另一位警察来帮忙。"我说。"嗯，如果可以的话……对不起，那就麻烦你了。"警察的态度大为转变（其实没有变，而是此前我觉得被当成可疑人物的迫害幻想让我这么认为）。

回到警局时，刚才的年长警察又问我："你今年几岁？"我哑口无言。"先不管这些了，刚才去的警察说人手不足。还有，果然是胎儿。""啊，在哪里？有地址吗？""就在桥的另一侧……我不知道地址。""哦，是堺桥吗？婴儿一个人吗？母亲在一旁吗？"真是个搞不清状况的家伙。"你听好了，是花王香皂前的堺桥下，桥下水道口附近，有个胎儿的尸体浮在水面上。刚才那位警察已经走到桥下,正在想办法不让它漂走。""这么说来,不是意外事故。"

"喂,香取派出所吗?请派人协助搜查。"终于明白状况了,真是个不机灵的家伙啊。我在旁边一个中间凹下去的海蓝色绒布椅子上坐了下来。警察边在地图上确认地点,边向对方报告情况。此时,我刚刚问路的那个警察刚好巡逻回来。这位警察看似年轻,但好像是这位年长警察的上司,在一旁听着年长警察的描述。

接着,年轻的警察又再次打给刚才通过电话的总部,讨论管辖地点的问题。之前那位警察已经不在桥上,应该是走到桥下去了。我又再次同情起他来。当我再度看着年轻的警察时,他突然把话筒放下:"可以向本部的人说明详细的状况吗?"我接过话筒:"喂,电话换人了。""喂?""是。""喂!""我听见了。"

"请问,那个婴儿看起来多大年纪?""不,还只是胎儿。""哦,还是胎儿啊。那有穿衣服吗?还是赤裸的?"这让我再度无言以对,因为我不由得想象起胎儿穿着衣服的样子。

"喂!""全裸,一丝不挂。"虽然我回答的时候也觉得这样的形容词很荒谬。"谢谢你,大致了解了。请把电话交回给警察。""喂……"他讲到一半突然用手遮住话筒，对我说："啊，你可以回去了。辛苦你了。如果还有疑问会再麻烦你。""那么，我告退了。""啊，谢谢。"我终于被释放了。

我边看着夕阳余晖下闪烁的玻璃碎片，边走回桥上。刚才那位警察正在下面，右手的袖子卷到手肘，成功地用警棍把"那个东西"拨到岸边，接着挥动警棍，企图把水甩干。

一位看似二十五六岁的丑胖女人皱着脸倚在桥上的栏杆旁，专注地看着这一幕。当我从一旁经过时，正好传来巡逻警车的警报声，从江东区和墨田区两个方向同时开来。而刚才那两位巡逻警察也骑着白色脚踏车，比我早一步抵达现场。

我怀着复杂的感慨之情，送走即将从我手上离开的"真正的胎儿"，头也不回地离开现场。

走在路上的正确方法

林　丈二

> 刚开始只是尾随一只狗，没想到却把我带到一个意想不到的全新世界。我的走法会不自觉变得跟狗一样，异常执着于路上的细微之处……

再也无法踩在井盖上了

我非常喜欢看电视。或许正是电视机的影响，日常生活中的我不擅长以宽广的视野来看事物，总是处于 14 英寸的狭窄视野之中。自己也知道这样不行，故努力走上街头，但结果还是背着照相机，通过四方的镜头剪辑街景，然后满意地回家，因而我的症状完全没有改善。

街头对我来说也是一部电视。散步时，我的眼睛会不断咔嚓咔嚓地转换频道，这让我很享受。特别是在看电视时，眼睛和显像管之间的距离上，这一到两米距离外有着技艺精湛的演员，让我无法割舍。虽说是街头演员，我喜欢的并不是那些重量级的角色，而是些非常不起眼的事物。这些事物通常位于视线下方，多散见于路面上。

这些位于路上、视线下方的事物当中，最让我感兴趣的是一般通称为井盖的盖子。

在城市的地下埋藏着复杂的管线设备，此地下世界的入口通称人井，而我们平常在路面上所见之物，是这些人井的盖子。这些井因为是要让人进去作业的（从英文的manhole翻译而来），所以叫人井；但路上也有许多井，是人不用进去就能作业的，为什么把它们也一概称为（人）井盖呢？这根本就是个谬误。尽管如此，却没有一个正式的称呼来形容路上的盖子，令人唏嘘不已。更让人感到落寞的是，这些盖子虽然对城市生活贡献良多，却一直被众人忽视，而且还被人车不断踩踏，用坏了就被丢弃。这正是路上盖子的命运。

换个角度来看，这些路上的盖子，可谓人类社会忠于一己职务的公务员，却受到如此悲惨的待遇，真替它们打抱不平。

我下定决心要好好端详这些看似沉默寡言的井盖的表情，没想到也真的有许多意想不到的样貌浮上来；

越是和它们打交道，就越被它们的深奥之处所吸引。

和盖子的邂逅

昭和四十五年（1970）11月12日，我从日暮里谷中走到上野公园，拍了121张照片，其中三张是盖子。这是我首次把路上的盖子当成拍照的主题。

事实上一年多前，我曾在古书店买了一本名为《工业设计》(Industrial Design)的杂志，翻阅内容时发现有一个专栏，里面排列着满满的盖子："没想到这种东西也是经过细心设计的啊。"这些盖子原本就充斥在路上的各处，但直到被精心排列在书上，才让人讶异其种类的丰富。当时我寄宿在市郊的小平市小川，周围尽是绿意盎然的稻田，路上没有什么盖子。这让我意识到，原来井盖这种东西只有城市里才看得到。但当时也仅止于此。现在的我不论走在多么窄的街道上，都会十分快乐地观察这些盖子，这对当时的我来说，确实是意想不到的发展。

观察盖子趣味的基本知识

城市土越大,地下埋的东西也越多,路上因此充斥着越多的盖子。管理这些盖子的单位大致可分成以下五类:

① 上水道
② 下水道
③ 电力
④ 电信电话
⑤ 燃气

最近地底下的密度变得更高,增加了许多可以同时收纳好几种管线设备的下水道,所以东京市中心路上的盖子有开始减少的趋势。

要如何才能由盖子的外观来判定其所属的单位呢?这在每个城市、地域有不同的情况,无法一概而论,在此只能试着举出初步的判别方法。

最简单的是以盖子上刻的字和图案,来判定其管辖的政府单位或公司名称。

■上水道

大部分会有供应该城市自来水的水道局(部)或是工会的名称或标志。此外,还看得到上水道用语,像是消防栓、制水阀、空气阀、排气阀、量水器、止水栓等。

■下水道

大多会有各城市管理下水道的下水道局（部）的标志。或是会有"下水""污水"的字样；有时只有"下"这个字。或者常出现"S"的简称，是 SEWER（下水道）的意思。

■电力

几乎都有电力公司的标志。

■电信电话

旧的会有递信省（负责交通、通信、电气等事务）、电信公社标志，最近比较新的盖子会有日本电信电话公司的标志。

■燃气

会有燃气公司名称或是标志，一般常见的还有"燃气""ガス"或"G"的其中一种。

其他还有建设省（负责国土规划、都市计划、市街地整备、河川、道路、住宅等政策的中央行政单位）、防卫厅（负责国防相关事务）、警察、国铁、私铁、热供应系统等各式盖子，大部分都可靠图案来判别。

综上所述，能不能看懂图案所代表的意义，是判定盖子所属的关键。

盖子的图案笔记

东京都23区内可以看到的主要盖子图案合集。图案下方注明了每个盖子的管理单位或组织名称，年份是表示各单位使用这个图案的时间（或是指动工跟完工的时间）。M表示明治，T表示大正，S表示昭和。

代代幡町水道
S6~S7

千驮谷町水道
S3~S7

涩谷町水道
T12~S7

东京都下水道局，跟旧图案"小龟"相比手脚较长。S40~?

东京都水道局，东京市时代开始使用。原本是代表东京都的图案，所以建设局、下水道局也会使用。
M24年?~现在

井萩町水道
S7~S8?

荒玉水道町村组合
S3~S9?

目黑町水道
T15~S7

东京都建设局，部分水道局战前也用过。
?~现在

东京市水道局，此图案只有小部分盖子使用。战前

日本水道株式会社
S7~S20

大久保町水道
S4~S7

江户川上水町村组合
T15~S10?

东京府，旧府道附近常看见
S6~S18

东京都下水道局，推测是东京市下水道改良事务所时代的图案。"下"和"水"二字藏其中。T2年?~S40年代

千住町下水道
T10~S7

户冢町水道
S5~S7

淀桥町水道
S2~S7

玉川水道株式会社
T7~S10

林丈二的井盖笔记

（编注："水道局"相当于"自来水公司"，"组合"表示"工会"，"株式会社"表示"有限公司"）

建设省短期使用过的标志 ?~?	东京市电气局,后改为东京都交通局 ?~现在	递信省 M30?~S24	高田町下水道 S5~S13?	大崎町下水道 T13~S10?
建设省 ?~现在	日本电力株式会社 ?~S17	日本电信电话公社,电气通信省时代开始使用S24~S60	西巢鸭町下水道 S6~S16?	尾久町下水道 S2~S13?
国铁 ?~现在	东京电力株式会社 S26~现在	日本电信电话公社 S60~现在	东郊下水道町村组合 S6~S13?	玉子町下水道 S3~S17?
帝都高速度交通营团旧标志 S16~S28	东京瓦斯株式会社 M?~S60	东京电灯株式会社 ?~S17	品川町下水道 S3~S7?	大久保町下水道 S3~S16?
同上 S28~现在	内务省 ?~S22	同上,正式的标志状况不明。许多图案的其中之一	千驮谷町下水道 ?~S7?	巢鸭町下水道 S4~S10?

探寻盖子的历史

享受井盖的妙处,关键在于推测出盖子设置的年代。尤其当得知盖子是从"二战"前就存在时,实在不由得让人肃然起敬,能度过灾难,幸存至今,真是太令人感动了。

我第一次发现原来盖子也有历史,是在昭和五十二年(1977)1月3日,距离我第一次拍摄盖子已经过了六年。

成为我启蒙契机、具有纪念意义的,是个上面刻着"荒玉水道"字样的盖子。东京的水道照理应该由东京都水道局来管理,但这个盖子却不同。我立刻到图书馆调查,才知道此盖是昭和三年(1928)到七年(1932)被设立的,属于"荒玉水道町村组合(工会)"的盖子。再深入调查,才发现原来在战前23个区内曾有过13家上水道相关的町营、组合及公司,9家下水道相关的组织,以及5家电力相关的单位。这些管理东京地下的公司和组织的样貌因而浮现。

调查至此,我不禁想到,既然有"荒玉",当然应该还找得到其他残存的旧盖子才是。

明察暗访后,找到了前述总计27个组织中的24个盖子,同时也发现了东京府、内务省、陆军电话等其他珍贵的盖子。

走访了都内五分之一的地域,我不断想着,其他城市应该也同样残存着战前的盖子,于是又疯狂地跑遍大约一百座城市。有感于日本幅员之阔,只能把这当成一项业余的探索。每当我像现在这样,忙于其他事情的时候,只要想到这些珍贵的盖子正在渐渐消失,就会焦急万分。

盖子的周边

我是个比平常人更注意观察路上现象的人,当然,除了盖子以外的事物也会落入我的视线之中。

首先,先来谈钱币。在我还没有清楚记忆的幼年时代,我时常捡到钱。印象尤其深刻的是,小学时曾在家附近绿意盎然的草坪上捡到过宽永通宝。这种中间有洞的钱币,似乎是明治中期以前通用的货币,当时的我认定这是江户时代的人遗留下来的,把它当成宝物小心地收藏。

这当然是特殊的例子,但即使到现在,我也经常捡到钱币,昭和四十四年(1969)时我还曾把它们统计后记录下来,和最近五年内的记录做成了下面这张表。

刚开始几年我只是把捡到时的状况简单记录下

调查年	拾金总额
1969年	541日元
1981年	1824日元
1982年	539日元
1983年	733日元
1984年	680日元
1985年	2701日元

昭和五十六年(1981)和昭和六十年(1985)分别捡到过一次和两次一千日元的纸钞。我把它们送到它们该去的地方了。

林丈二捡到的钱币金额统计

来,直到昭和六十年(1985)3月9日,在前往赤濑川原平先生对谈会的路上,捡到了一个一日元硬币。当我在笔记本上写下知名的赤濑川先生的名字时,发现这枚一日元硬币上好像沾着金箔,于是就把它一起贴在笔记本上。自此以后,我就会把捡到的钱贴在笔记本上,并且把它当成"拾金一览"来收藏。

这或许有点偏离路上观察的主题,我最新的计划之一,是采集有"沙"字地名地方的沙子。举个刚采集完的例子:江东区东沙町公园里沙场的沙。依这样的做法类推，像到千石町捡一千块石头这样的想法，要多少有多少。再延伸下去，像是到丸子铧吃丸子，或是到名古屋的猫洞路和广岛市的猫屋町去找猫，和地名结合的玩法可以无限延伸。

在此还是介绍一些在观察领域里特别的主题。我要说的不是别的，正是狗的大便和小便。两者的共通处为无法预测会在哪里遇到，以及不会遇到两次相同的状况；这可以算是具稀有价值吧。在时间上，每天早晚狗狗散步的时间段，是遇到状态良好的采集物的最佳时机。

接着说明其有趣之处。

■狗大便

可以思考的有：是否和小便一样，狗狗是为了表示自己的地盘才选择在某处大便；或是观察大便形状的趣味性、意外性，依颜色来分析它吃下的食物（这点内人比我擅长）等一堆的情况；在数坨大便存在的地方，还可以推测它们被拉出来的顺序，等等。

■狗小便

观察小便的图案，并和人的小便比较，没什么乐趣。所以我选择看到狗时跟踪其后，查看小便的现场。在哪里小便一般来说没有什么乐趣，但遇到有狗选择在道路中央、周围什么都没有的空地小便，这就让人无法转移视线。

也可以观察狗小便时是抬哪一只脚。我曾试图调查尾巴卷的方向和抬脚有什么关系,发现两者原来没有什么相关。看了许多狗小便的现场后,发现有些狗只抬右脚,当左边有障碍物时,会先转个方向再抬脚小便。当然也有两脚左右开弓的狗。

综上所述,只要是路上有的东西和动物,所有物体都可以成为愉快的观察对象。路上充满观察的要素,你只要找出自己的想法和观点。

影响我的前辈们

和我一样在街头徘徊的动物有狗和猫,狗的行动,尤其让我受益匪浅。

有一天,我暗中尾随老家隔壁一只被放养在外头的狗"敦",小心翼翼不被它发现。这只名叫"敦"的狗,先是把整个身体往鱼板店前的台子贴过去,然后翻转成四脚朝天的模样;接着或是大啖免费的鱼板,或用鼻子蹭着路过的女性的裙摆撒娇,是只好奇心旺盛又有行动力的狗。我之所以跟踪它,并不是期待有什么好玩的事发生,只是想要玩玩跟踪的游戏,却有意料之外的收获,成就了我的"跟踪论"。

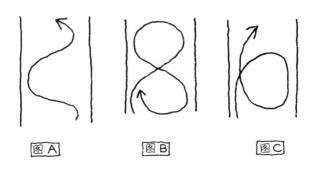

狗行走的路线

当时的敦已经是十岁多的成熟老狗,和邻近的狗朋友们交好,领地也算广。当它走到自己领地外的区域时,会快步通过,也不会东张西望;但一回到自己的地盘,而且越接近中心地盘,越会采取经过深思的复杂行动。

它行走的路线几乎会占据一整条车道,约三四米,但不是走直线,大多是蛇行(参照图A)。模仿它的路线就会知道,跟走直线比起来,这样走两侧的房子会看得更清楚,观察到的街景幅度也更广。再者,由斜角穿越道路，制造了回望身后风景的机会，有时甚至可以从后方的风景中，发现平常看漏的事物。虽然我总觉得这样的蛇行路线是不经意走出来的，但偶尔故意蛇行，的确有趣味盎然的新鲜感。

尾随在狗的身后，虽然没有猫的神秘感，却有侦测天线的效果，有时也会注意到前面有什么。特别的是，狗似乎有察觉后方动静的能力。敦有时好像会感受到后方的动静，突然转身往回走。走的距离不一，大致上会确认究竟有什么，直到满足后才再度朝原来的方向走。这些路线简化后可以用图 B 或图 C 表示。

我即使察觉到什么，也很少会再走回去，一方面是嫌麻烦，但之后常常又会后悔。"那时如果马上走回去拍下照片就好了……"

走在街上，没有特定的目的，按图 B 或图 C 的路线来步行也很有意思。当我如这般绕路时，紧绷变钝的神经像是突然松懈下来，当转过身正对着背后风景的瞬间，一直未看到的、家家户户的轮廓全都浮了上来，包括整片直达天际的景致，在视野的正中央"啪"地延展开来。下一瞬间，道路彼端的风景忽地拉近放大，整个人像被风景吸了进去，让我陷入一种极端的、非现实的状态。

刚开始只是尾随一只狗，没想到却把我带到一个意想不到的全新世界。最近在街上遇到放养在外的狗，我的走法会不自觉变得跟狗一样。虽然并非刻意模仿，却让我异常执着于路上的细微之处，有点类似平面式的观物法。原本应该觉得单调的，现在却一点也不觉得厌烦，真是不可思议。尽管如此，关于我察觉了自己的狗性这点，让我心里有点疙瘩。原本是为了摆脱电视症才上街的，这回却得了狗散步症。

插些偏离主题的事。我以前在专门经营卡通人物商品的三丽鸥（Sanrio）工作时，一直负责史努比的相关商品，所以我对史努比可以说了如指掌。史努比根本就不觉得自己是一只狗。它当然跟街头的狗不一样，没有狗会想到要睡在小木屋上面，而且还仰着睡。总之，史努比非常自由奔放，有时还会变身秃鹰突袭查理·布朗，或以为自己是蝙蝠，倒吊在树上开心地玩耍。

再回到原本的话题，史努比的例子似乎给了我一些暗示，或许可以成为治愈我这狗散步症的特效药。

换句话说，至今为止我的街头散步太狗性了，只要学习史努比天马行空的想象，就能吸收其他动物的习性。这让我立刻联想到的不是秃鹰也不是蝙蝠，而是在街头常常遇见、总是躲在暗处偷偷观察、让我很在意的小巷弄里的居民——猫。

猫有时出现在屋顶上，有时在围墙上，有时则在停在路边的车子底下，可以说是千变万化。它要是出现在令人料想不到的地方，非得把人吓一大跳不可。这种神出鬼没、行动神秘的习性，是我现在十分向往的目标。虽然向往，但一想到猫的行径之变化莫测，若是要尾随在猫的身后，就要像猫一样一会儿爬上高墙，或是穿越围篱，进入别人家的庭院，这可不是能轻易模仿的事。当我正打算放弃时，却找到一个能轻易模仿猫行径的人。当然不是能轻易尾随猫的人，而是行径像猫一样的人。这个人也出现在这本书里，就是建筑史学家藤森照信。我有幸在文京区西片町的探勘行动中和藤森先生同行，我观察他的行动，看到他的身体竟然能像我向往的猫一样移动，心头着实为之一震。

藤森是个只要觉得某建筑物是建筑史上有价值的目标物，就会不择手段进行调查的学者。

我刚好目睹在小路尽头，藤森发现有着极具时代特色的伟大墙垣的感动场面。

墙的另一端是空地，但藤森却一副兴致盎然的模样。"里面不知是什么样子"，说完就立刻想爬上一旁的电线杆，只是怎么看都不太可行，四处转了一圈，正好一旁有架修剪树木的梯子，主人刚好午休不在，藤森于是擅自借用了梯子，爬上墙垣，仔细地端详里面的模样……这就是事情的始末。这事发生在一瞬间，却让我看得目瞪口呆。对我这种只能在街上闲逛的人，这样的眼光和行动让我大为震惊。我时常感叹藤森对事物有着鹫一样的俯瞰视角，还有像山猪一样的爆发力，像狮子般的行事风格，但当我知道他连猫的才能都具备时，更让我深深觉得他是个宛如走在云端的奇人啊。

总之我实在太羡慕他了。为了让今后的街头散步更加充实，到底要怎样才能获得这种立体的视野及行动力呢？在经历这令我意外的一幕后，我试着进一步探索。

藤森出生于信州，我想象他一定生长在看得到山的地方，少年时期肯定过着像狮子，不然就是像猫一样的生活。他原本就是个好奇心旺盛的人，肯定每天都是看着眼前的山，发挥想象力，想象着山另一头的模样，所以才培养出这般立体的视野和透视力吧。（参照第186页图D）

如果生长在看得到海的地方，应该也有人在成长过程中时常想象着海另一端的模样吧。但我生长在东京的老街道，不但看不到海，连山都得爬到很高的地方才看得到。换句话说，周遭都是住家，即使我问自己这户人家的那一端有什么，回答也肯定是"有另一

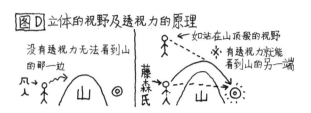

林丈二想象中藤森照信拥有立体的视野和透视力的原因

户人家"。更好一点,或许会想问:"这条路到底通到哪里?"不过也只能想象这种细琐的事了。

想到这里,我清楚地了解到要拥有猫一样的视野和行动力,对我来说根本犹如登天。倒不如去研究"藤森为什么有办法像猫一样行动",或许还更有趣呢。但要见到藤森的机会实在太少,我暂时只能以狗的视野来观察,并脚踏实地调查猫的行动。

街头散步实况报道——邻近篇

① 敦

梗类犬的混种,隔壁家的狗。我原本就跟它很熟,也愉快地跟踪过它的行踪,不必给它饼干也能保有良好关系。

② 洛基

万能梗(airedale terrier),我家前面人家养的狗,总是从狭窄的门缝底下把鼻子探出来。饼干只要放着,一下就会被它吃光,因为刚好是在它吃早餐之前,给再多也不会满足似的,所以我最多只会给它五块饼干。

③ 太郎

很聪明的看门犬。第一次见到它时,一接近就叫个不停,我只能远远地先试着丢一块饼干给它。但它却对饼干完全没兴趣,警戒心反倒变得更强了。我刻意躲起来,观察它后来有没有吃,结果发现它没吃。第二天我一样躲在暗处观察,过了好一会它终于吃了。第三天它终于在我面前吃掉了饼干。之后我照样只丢一块饼干给它,但它似乎平常就吃得很好,完全没有被食物引诱而上前讨食的样子。

A处有只博美狗。距离二三十米远它就开始叫,完全无法接近。每次情况都一样,所以我都尽量避开,不走这条路。

④ 猫熊犬(或酒桶狗)

因为放养在外面,很少见到。年纪很大了,身体像酒桶,乍看之下也像猫熊。眼睛和鼻子好像都不灵了,如果不把饼干放得很近,它根本不会发现。平常好像都吃日本食物,饼干只咬了几口就不吃了。

⑤ 米奇

名为米奇,却是只公狗。很尽责的看门犬,虽然不会叫但也不让人亲近。用饼干诱惑了几次,只有两次吃了一块。本来还以为拉近距离了,正想捡回它不吃的饼干,有两次差点被咬。还有一次竟尿在饼干上,一副"谁理你"的模样。

⑥ 狼犬

乍看之下有点凶,但没有叫,还吃了两三块饼干。有天去的时候发现只剩下锁链,没看到狗的影子。这种状况持续了几天,后来连锁链都不见了。

B 处是黑色的忠犬。被主人溺爱,对陌生人叫个不停。

⑦ 卫星

苏联第一颗人造卫星发射那天出生的狗狗的后代。刚开始会很害怕地躲在狗屋里,我试着放了几块

走在路上的正确方法   189

林丈二的街头散步记录：邻近篇

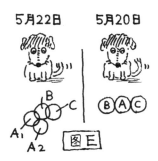

图E

林丈二拿卫星做的实验

饼干在狗屋前。本来还是偶尔会叫,第四次开始不再叫了,第八次我故意躲在小巷里暗中观察,看见它乖乖地把饼干都吃掉了。隔天早上它不再躲起来,犹豫了半晌才在我眼前吃掉了饼干。结果这只狗是最亲近我的,每次去它都会从狗屋冲出来,扑到我身上。

我拿卫星做了一个实验,以下就为大家揭晓实验结果。

我准备了:A平常给它的饼干、B无骨火腿片、C大豆制的植物火腿片。实验的目的是为了观察卫星在这三种食物面前会采取什么行动。实验日期是昭和五十八年（1983）5月20日（参照图E）。

我把食物A、B、C一起摆好，卫星有点迟疑的样子，然后不知为什么先吃了C，接着吃B，最后才吃平常的饼干A。

第二次的实验在5月22日进行。这次我故意把食物摆得有点乱。刚开始它想吃B，但可能因为太薄了，无法顺利塞入嘴里，于是吃了成块的C。接着，它把A放入嘴里又整个吐了出来，开始吃B，最后吃了两块A。结果两次吃下的食物顺序一样，我实在想不通为什么它会先吃植物火腿片，决定27日最后再做一次相同的实验。

比起第二次，我把食物摆好后，它一下就把三片叠在一起的厚火腿吃光，再吃植物性火腿，然后是饼干。总算如一般常识判断的结果，我也就安心地结束了此次的实验。

有点偏离主题了，接着再回到之前的观察。

C处的O犬（英文字母O）。非常会叫，尾巴也很会摇，我丢了一个"O"形的饼干过去，它巧妙接住后，竟然又开始叫。我望向狗的喉咙深处，还看得到"O"的影子呢。因为叫声实在太吵，我决定再也不走这条路。

⑧ 黑狗

有时主人会带它来这附近散步。全身黑漆漆的看起来有点可怕,当我拿出饼干时,它的狗鼻子马上嗅了起来,我判断它想吃就立即丢出了饼干,没想到它很厉害地在空中就接住饼干吃下去了。因为很可爱,我每次都故意丢很难接的角度,看它在空中跳跃接饼干的样子,我也玩得很开心。

D处是只贪吃狗。刚开始就一副谄媚的模样,我拿出饼干后,它马上毫不犹豫专心地吃了起来。这种狗我不喜欢,于是只给了这么一次。

⑨ 狸狗

长得像黑铁弘漫画里的狸狗,是只放养在外的老狗,在我还没随身带饼干前,就试着接近它,却一直无法亲近。有次我故意从背后吓它,小腿肚反而被它咬了一口,但因为它牙齿不好,所以完全没有受伤。比较熟以后给它饼干,它只是嗅了嗅味道却不吃。有时是吃进嘴里又吐出来。后来发现它牙齿不好,把饼干捏碎再给它,它才吃进去。平常总是横躺在路上,一看到我来至少会坐起来,慢慢地走近我。黄昏时会坐着看夕阳,或是看着玻璃窗上映出的自己的模样,是只奇怪的狗。不知何时,已不见它的踪影。

⑩ 兔子

不知为什么被拴在木桩上,每次看到它总是埋头吃着面包。给它饼干也一样毫不犹豫地埋头吃着。虽然对它没有特别亲近的感觉,但因为很少见到它,还挺期待的。

两年后我再回去,这些让我乐于观察的动物①到⑩中,只见到②、③和⑤。

散步用的小道具

相机、地图、笔记本、文具是我在街头散步时的必备用具。除此之外,还会带一些备用品,或是偶尔派得上用场的东西,或是我想试用的东西。以下容我随兴地举几个例子。

① 刷子和抹布

在拍摄路上的井盖时,可以用刷子把上面的小石子或是沙子拂去,刚下完雨时也曾用抹布把井盖擦干净。但现在除非看到很贵重的井盖,否则几乎不会拿出来。

② 卷尺

可以测量盖子的大小,或是测量盖子以外的东西,看到想测量的东西随时都能测量并记录下来。最近让我着迷的是测量车站月台的连续白色虚线,我会量每个色块的大小、白色虚线之间的间隔，还有白色虚线和月台边的距离。光是这些白虚线，每个车站就都有不同的情况，真是有趣。

③ 摩擦拓印用的铅笔和纸张

这是一种前端呈扁平状的铅笔。摩擦拓印法就是小学时常做的：把纸放在十日元硬币上，用铅笔在纸面上来回摩擦，就能把立体的图案拓印在纸张上。

用这个方法，可以把盖子上的图案，或是所有凹凸的立体图案拓印下来，很好玩。很早以前我就一直很想在规定只有行人能通行的时段，把银座四丁目十字路口中心的路面拓印下来，但每次都碍于附近有巡逻警察而无法实行。

④ 秒表（手表的附加功能）

最近常测量的是十字路口的行人信号灯中绿灯持续的时间。绿灯亮的时间和道路的宽窄无关，主要和车流量有关，调查后一目了然。

⑤ 英文字母饼干和卡尔民糖（明治カルミン，一种薄荷糖）。

这是为了和街上偶遇的狗猫沟通而准备的。给狗狗饼干还挺愉快的，但给猫卡尔民糖……至今为止的经验显示，猫只会嗅一嗅气味，没什么大反应。下次想改用森永（森永ピースミンツ）的试试。其实最好是准

林丈二的散步用小道具

备肉干给狗，鱼干给猫，但我还没有这种服务猫狗的精神。

⑥ 鞋底有沟槽的鞋子

我在国外时，每天回到住宿的地方都会采集卡在鞋底细缝里的小石子，在东京倒是没试过。虽然是个很偷懒的方法，但把这些小石子放入小瓶子里排列在一起，真的能看出每个地方土地的不同，很有趣。

⑦ 计数器

经常在车站的检票口等处看到有人在用计数器统计乘客人数，我的计数器跟那个是一样的。上楼梯时偶尔用它计算攀爬的阶梯数，有时脚步和手指按压的步调会不一致。虽然小但比想象中的要重，现在几乎不会随身携带了。

⑧ 磁铁

想知道眼前的东西是不是铁制品时可以使用，却一次也没用过。

⑨ 量角器

又薄又轻巧，几乎有半年的时间，散步时都会带在身上。曾经测量过御茶水圣桥上平行四边形盖子的角度，也只用过这么一次。

⑩ 放大镜

想用来观察墙上附着的青苔，或是在街上徘徊的蚂蚁，但还没买。

⑪温度计

虽然总是带在身边，但还没想到特别的使用方法。

⑫迷你录音机

一年前开始收集剪票屑时，录下了车站票闸口工作人员的声音，这是最近使用的情况。

⑬望远镜

虽是街头散步的好伙伴，却没怎么用过。倒是曾在现在住的公寓屋顶上呈"大"字形躺着时，用它观察过天空中飞行的鸟、飞机和云，等等。

其他还有又便宜又小的金属探测器、放射线测量器、鱼群探测器等，肯定都有各自的用途。

把上述物品全部收纳在一起，并随身携带，这是我的理想。

街头散步实况报道——银座篇

终于决定要执行许久以前规划，一直很想实践的"银座名盖巡礼"。

昭和六十一年（1986）1月1日，在看完当天送达的贺年明信片后出发。天气阴。

10点32分抵达有乐町。有一阵子没来了，在抵

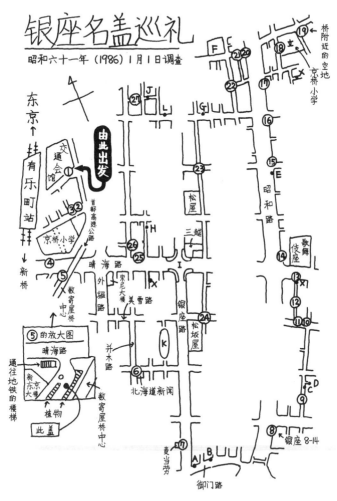

林丈二的街头散步记录：银座篇

走在路上的正确方法 199

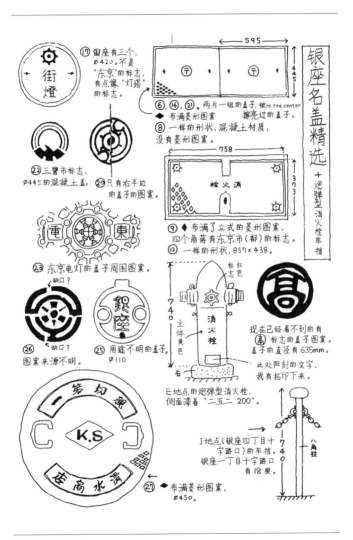

达银座前，决定先确认这附近的贵重盖子。

① 东京电灯的盖子。两年前确实还有两个，现在只剩下一个了。东京电灯是明治十九年（1886）到昭和十七年（1942）之间的公司，估计这些盖子至少都有四十四年以上的历史。

看完②、③两个几乎磨损殆尽，即将面临淘汰的古老盖子后，走过玛莉欧通道。这里挤满来看电影的年轻人，热闹无比。穿越人群后来到晴海路。这条车道上其实有着④直径140厘米、东京最大综合管廊的圆盖。这条路车流量很大，两年前我曾在元旦车少时得以拍下照片，并且测量了盖子的尺寸。这次是从人行道上确认它还健在。

⑤ 昭和五十六年（1981）4月，无良业者从邻近的数寄屋桥购物中心，将完全没经过处理的污泥直接排放，当时就是从这个盖子下面发现了非法丢弃的行为。

走在铺着红瓦砖的美雪路上，右转就是两侧绿树绵延的步道，路上一个人也没有。或许是前一天夜雨所致，地上掉落了一地还是绿色的梧桐树叶。

⑥ 在北海道新闻社前。昭和三十九年（1964）10月16日，以赤濑川原平为首的艺术团体 Hi-Red Center，就在这里举行清扫道路的艺术活动，路上

的井盖被磨得闪闪发亮。研究《东京混合计划》（Parco 出版，1984年3月10日发行）里刊登的照片，可知是递信省（主管邮政、电信等事务的中央行政机关，1885年设置，1949年分为邮政省、电气通信省）时代与电信、电话相关的盖子。这附近的路面时常修整，盖子也跟着焕然一新。

往乌鸦喧闹不停的道路前进，终于来到银座大道（中央大道）。但银座大道在昭和四十三年（1968）进行全面修整，古老的盖子一个也不剩。步道铺上了30厘米×50厘米的花岗岩。行人来来往往，但店家几乎都还在关门休息中，大家其实不是来购物的，而是来银座闲逛散步的。

⑦在麦当劳前。昭和五十八年（1983）11月17日曾发生一起意外，放在高达30厘米的大楼顶部，直径34厘米、厚2厘米、重达4千克的小铁盖被强风吹起，掉下来砸到停在路边的出租车上。所以我到这里会例外地抬头往上看。

走进御门街后，看到了难得一见的柳树（地点A），前方不远处有三棵才刚种的细长小柳树（地点B）。据说这是昭和四十三年（1968）前种植在银座大道上的柳树二世。这我倒是第一次知道。

走过横跨昭和路的天桥，再往前走一段，应该可以看到⑧递信省时代的混凝土盖子，不过现在却消失了。这一类型的盖子因战时金属短缺，而改用混凝土制作，都内仅剩几个，是很珍贵的盖子，真是遗憾。

⑨是在东京市只有15个区的时代（昭和七年〔1932〕9月30日以前），这个区域常见的盖子。这种附有蝶形号码的有大小两种类型，此处是小型的，银座只有一个，大型的有15个。

再往前走，停着三辆配合元旦气氛装饰的人力车（地点C）。应该是熟客在新春出外拜访时坐的。往前方的小巷望去，看得到大大的日丸旗（地点D）。这么说来一路走到这里，没看到有住家挂出日丸旗。明年来调查元旦的银座会有几户人家挂出日丸旗，似乎也很有意思。

⑩⑪应该是大正或昭和初期的方形盖，我从侧面观察它，然后走进小巷里。⑫是和⑨一样的大型盖子。前方的⑬在两年前有一个写着"高"的标志、身份不明的盖子（拙著《井盖"日本篇"》里有详细的描述）。这个盖子原本的地点和"高"字没有任何关联，在其他地区也不曾见过，让我着实烦恼了好一阵子，有一天却突然消失了。

走过晴海路再往前走一会，⑭有个原始的木造盖子。这种盖子感觉四处可见,却意外地找不到同类。另外,它用的不是成品,而是特地用木头来做,真的很有意思。再怎么说,附近就是歌舞伎座,有能制作木盖的匠人也不奇怪。事实上在公共道路上设置木盖,据我所知都内没有半个,只有在这周围半径约两千米内才见过。

再往更前方的昭和路走去,地面上竖立着被涂成黄色的地上式消防栓(地点E)。东京的公用消防栓几乎都是地下式的,难得见到地上式的,银座也仅有这一个。虽然我没有深入调查公立的地上式消防栓,但推测应该是战后设置的。看战前的规格书,银座的被称为"炮弹形"。消防栓上的制造号码是阳刻,元旦行人少,正当我庆幸地坐在路上用铅笔拓印文字,并且拿出卷尺测量时,后方传来脚步声。我静待脚步声通过后才转过头,看到远去的两位巡逻警察的背影。竟然没有被查问,真是太幸运了。

昭和三十年(1955)3月29日,在⑮中发生过一次意外事件。进入此井洞中进行检查的两位工作人员被关在里面,他们在一百日元钞票上写上SOS求救信息,通过井盖上的小孔丢到外面,钞票被路过的人拾获并得知此事,众人合力才最终将两人救出。

⑯是递信省时代的盖子。此类型和地点⑥的一

样。电信电话不再归递信省管辖是昭和二十四年（1949）9月之后的事，所以盖子至少是在那之前设置的。更精确地说，战后纷扰和战争中缺铁的情况下，应该不可能设置盖子，故制造时期可以上溯至更早以前。

⑰ 是阳刻着"街灯"字样的盖子，目前只有昭和路上有，共7个，其中3个位于银座区。推测应该是昭和路刚铺设好的昭和五年（1930）设置的。

⑱ "东京燃气"五种类型的盖子密集地齐聚于此，这意味着地下有着大型的燃气设备。在都内，"东京燃气"盖子像这样密集地存在，我只见过几处。

⑲ 应该是战前的盖子，乍看之下很平常，却是都内下水道用的最大圆形盖，在银座只有这一个，其他地方也只见过4个。这个盖子上的小透气孔被土塞住了，到了春天似乎会长出小小的植物。

走到这附近肚子饿了，无法集中精力。走过昭和路时，会看到 ⑳ 一对○×图案的下水道用方形盖，仔细观看其图案，会有些奇怪，两个都是右侧用的盖子。㉑和⑯有着相同的"〒"记号。银座总共只有三个。

下午1点2分，来到水谷桥公园（地点F）。园内有着巨大的柳树，随即测量树干的大小，直径有40厘米。因为椅子上有积水，我只好坐在橘色的跷跷板上，拿出自带的便当。用餐时，附近的老奶奶和小女孩到公园游玩。因为小女孩爬上了另一边的黄色跷跷板，于是顺其自然地和老奶奶打了声招呼："午安。"今天是新年应该说"恭贺新年"的，但面对陌生人实在说不出口，情急之下嘴里自动吐出了"午安"。

这个像猫额头一样小的公园主要是土质地面。下过雨后不久，变得松软的地面会不会有猫或狗的足迹呢？我仔细地找却找不到。因为我最近刚好在读每天喂食银座 30 只流浪猫的饭岛奈美子的《银座街猫物语》（「銀座のら猫物語」，三水社，1985 年 6 月 1 日出版），除了非常留意猫狗的身影外，对它们的脚印也特别在意。

下午 1 点 18 分，离开公园。

不知为什么突然看见都下[1]三鹰市标志的盖子㉒。北区的十条附近也曾发现四国高松市的盖子，这应该不值得大惊小怪，但确实很罕见。

1 点 30 分在地点 G 和牵着黑狗散步的一家人擦肩而过。以前在八丁目曾看过收废品的人带着杂种犬；这次没有确认，但应该是住在四丁目的人家养的狗（地点 H），加上刚才看到的狗，在银座只见过这三只狗。

身体渐渐感到寒意，决定加快脚步。

㉓是银座唯一一个东京电灯时代的盖子。比起 ① 有乐町的盖子，这个盖子的图案更加清楚鲜明。

穿过荒无人迹、阴暗的小路后，又回到明亮的晴海路。来到四丁目的十字路口（地点Ⅰ）。突然发现旁边有个附锁的停车铁棒。都内几乎都是铁栏杆，在这里竟然出现这种样式，实在让人想不通。仔细计算，4个角落共有62根。我走过这里不下数十次，竟然没发现，这次意外的新发现让我带着愉快的微笑走向㉔。

㉔在昭和五十八年（1983）11月8日，因为地下输送电缆短路而引发意外事件，从井洞中冒出火苗，造成1200人好奇围观的场面。这里有两个东京电力的盖子，火到底是从哪一个里面冒出来的不得而知。看报纸上的现场照，推测应该是离十字路口中央较近的那个盖子。

再度回到四丁目的十字路口，来到和光这一边。此处的行人多了起来，但也只有巅峰时段的八分之一吧。

高桥洋服店前有个电话亭，右侧有个小盖子㉕，上面写着"银座"的字样。银座只有这一个，当然其他地方以前也有过，但现在只剩这一个了吧。还不知道究竟是什么盖子，我想找机会打开瞧瞧。

长濑相馆前右侧有个小盖㉖，上面写着"止水栓"的字样，确实是上水道用的盖子没错，问题出在图案。和日本其他城市的图案对照后，没有一个相符的。或许是制造商的标志,但我却没有一点印象,不久以后应该也会被换掉吧。

从这里走出外堀路,还有一些老旧的盖子,但再往前走有我想一探究竟的盖子,于是快步前往目的地。

走上小小的幸稻荷神社前面的小路,旁边有个面包店,面包店前方确实有个奇特的盖子㉗,盖子刚好处在冰激凌亭子的下面,因为店家休息,所以无法看到盖子。这里是私人道路,盖子应该也是私人的,盖子表面的标语是"亲切第一",还阳刻着"清水商店"的字样。我当时单纯的疑问是,这家店的店名为什么不是清水商店?或许清水商店是现在店家的前身,或者盖子是由清水商店制造的。但是因为只有这孤零零一个盖子,推论也就无法得到佐证。况且从来没见过写着"亲切第一"标语的盖子,真是个让人无法将它踩在脚底的罕见宝物。

至此"银座名盖巡礼"暂告结束,回程途中引起我注意的,是前方路上地点 J 处有一只白猫蹲着。我在 20 米远的地方蹲下来,对着它喵了一声,它突然警觉起来,接着便逃跑了。我又"喵喵"地叫了几声,它还是保持警戒,并不回应。第二次学猫叫时,有一只三色猫从路那端小巷弄的角落里伸出头来。以前曾在电视上看到睦五郎先生说,猫对薄荷和木天蓼会有相同的反应，我于是拿出薄荷口味的明治卡尔民糖，满心想来做个实验。

我匆匆忙忙地从容器里取出卡尔民糖，一边发出第三次的喵叫声，才踏出一步，两只猫似乎感到杀气般，一溜烟儿就往小巷弄跑去，不见了踪影。从我自身的经验来看，对猫叫声会有反应的猫大概只有一成，而且有响应的猫多半慵懒地睡在路面上，磨蹭着身子做记号，甚至靠近我摩擦撒娇。从这次飞快逃离的反应来看，两只猫应该是野猫（我把以前见到猫的地点用 × 表示）。

野猫让我想到前面提到《银座街猫物语》里，六丁目的铃兰路附近（地点 K），饭岛小姐看到在大楼间飞来飞去的竟然不是猫，而是鼯鼠，她比照猫一般喂食。这当然是晚上才会发生的事，但像我这种低头只看地面的人，是绝对看不到这种景致的。

下午 2 点 25 分，有乐町线银座一丁目车站入口（地点 L）有一张车票掉落在地，是从镰仓出发、最低票价区间一百二十日元的车票。应该是搭霸王车的人掉的吧。不知道他在天满宫许了什么愿。但一开春就做这种事，且把这票根丢弃的人，今年应该不会有什么好事吧……我边这么想边走进车站。

在写这篇文章时，我散步街头的方式和看法，怎么看都好像还是在电视的显像管里游移一般。但以此方式持续探索下去,有一天应该也能抵达深不可见的地方,出现如宇宙规模的宽广世界吧,此时我有着这般的预感。

捡拾建筑物的碎片

一木 努

　　建筑物本身就有这样的属性。即便是车站前某个角落的建筑,都是这个街道的记忆、时代的记忆,会让人掉入时光的想象之中。

烟囱消失之日

"抱歉,我正在收集碎片……"

在建筑物拆除现场的午餐时间,一个陌生的男子突然从塑料布墙的间隙出现,望着正被解体的建筑的"碎片",让拆除公司的老伯伯们一脸困惑。

"唉,收集碎片能做什么?"

"嗯,的确不是因为有用才收集的……"

"喔,真是个奇怪的人。但是,确实也有这种人。"

"嗯,有的。这种人应该就是我吧……"

上左：常阳糖果厂的烟囱；上右：夜里被拆毁的烟囱；下：横躺在地上的烟囱

（摄影：一木努）

老伯伯们默默离开，不再追问。我就是像这样出现在即将消失的建筑物前，捡拾并收集被丢弃的砖块、瓷片、瓦片、混凝土等建筑物的碎片。

我的这些很难不被当成废弃物的特殊收藏，其出发点可以追溯至 20 年前我还在故乡就读高中的时候。

茨城县下馆市位于关东平原的北端，像背脊一样的高台往北部延伸，整个城市像被包围着的台地般，向四周延展开来。我家就位于山丘上，陡峭山坡路的顶端。从二楼东边的窗户，可以眺望远方的筑波山及加波山整片连绵的山峦，并可将连成一片的砖瓦屋顶房屋的城区尽收眼底。

在这片景色中最突出的，是正面偏左，直指天空的糖果工厂的烟囱。只要察看从这根砖砌的烟囱里冒出的烟，就能立即判断当时的风向和强度。雷雨多的时节，我目击过好几次从天际劈向烟囱的闪电。经过附近时，空气中总是飘散着甜甜的香味。糖果是当时下馆的主要产业之一。

后来工厂搬迁，原址改建成了保龄球馆。夏季的夜晚，不再需要的烟囱被拆毁。我不记得为什么我知道拆毁的日子。那一天，我独自到现场，看着被拆的烟囱。在凉爽的夕阳西下时分，一大群人聚集在烟囱周围。在已经被夷为平地的工厂旧址上，烟囱一瞬间被拉倒在地。虽然听得到整齐的喊叫声和机械的声音，但道路另一侧的人们似乎并不知道什么东西被毁坏了。烟囱的底部附近被强烈的灯光照射着，可以看到倒下的根部翘了起来，而前端静静地隐没在黑暗里。拆毁作业似乎还要费不少工夫，夜晚悄悄地降临。虽然心里还有所挂念，却不得不回家。

回到家后不久，"轰隆"的声音传来，随着巨大的声响，整个城市摇晃着。

隔天一早，我像往常一样从二楼的窗户往外眺望，烟囱从景色中消失了，风景变了。我才惊觉发生了巨变，急忙跑下陡峭的山坡。昨晚聚集了那么多人的地方，现在却一个人也没有。我像走近一位病人身边一样，小心翼翼地进入被围起来的无人现场。烟囱变成残片废墟，横躺在小雨中。昨天还高高竖立的烟囱，变成我脚下的无数砖瓦碎片，散落四处。我拾起一片小小的砖块，上面还沾着黑色的煤屑。每天远眺收入眼底的烟囱如今在我的手掌上。至少要留住这个碎片，我这样想着，并小心地把它带回家。

在那段时间前后，我家附近的警察署和消防署也被拆毁，我也一样到现场捡拾它们的碎片。我的碎片收藏就是这样开始的。庆幸的是，之后有一段时间，故乡的收藏没有再增加。

东京帝国剧院改建也约在这个时期。为了庆祝改建，新、旧帝国剧院的外墙碎片被漂亮地修饰加工过后发给宾客们。记得当时在报上读到这则消息时，我竟然羡慕不已。

旧帝国剧院我只去过一次，当时我还是小学中年级生，在剧院看了场电影。但是在我的记忆中留下鲜明记忆的，不是当时大银幕上的电影画面，而是带着无比兴奋的心情爬上了深红色绒毡和金箔装饰的豪华大楼梯。或许当时我就是个建筑痴吧。

昭和四十三年（1968）高中毕业的我来到东京，还不到一个月，就突然必须面对巨大任务的挑战。5月10日我来到丸之内的三菱旧一号馆的拆除现场。外面用画布材质的帷幕紧紧围着，一点都窥探不到内部的样子。不愧是东京，连拆除现场也是如此谨慎小心。我感叹不已，在外面来来去去，期盼刚好有人从里面走出来。过了一会儿，一位身着工作服的工作人员出现了，工作服因为沾满了红砖粉末而变成茶红色。我下定决心开口拜托他，却马上就被回绝了。当时我的脸色一定相当难看，于是工作人员又丢下一句："你可以去那边的办公室问问看。"

对于刚来到东京的 18 岁学生来说，当时的我还没有走上办公室楼梯的勇气。在决定放弃、准备打道回府的途中，捡到了从帷幕缝隙中掉出来的一小块红砖碎片。这是我在东京的第一件收藏品，也成为肯德尔（Josiah Conder）的名作、拥有"明治建筑的法隆寺"封号的建筑物存在于这个世界上的唯一遗物。

三菱旧一号馆拆除时我虽然踌躇不前，但之后我再也不胆怯。只要有让我挂念的建筑物要被拆毁，我就不顾一切地前往并取回碎片。因为如果我不去，这一切将全被丢弃。因此我必须及早掌握建筑物被拆除的信息，拆除现场通常会在限定期间内执行，我必须在期限内赶到才行。而且还得兼顾许多自己定下的规则，例如不影响自己的本业、不用金钱购买、不给现场的工作人员添麻烦等，这让我的日子变得十分忙碌。

尽管如此，对建筑物的主人及现场的工作人员来说，我的出现本身就是个麻烦。但大家不仅听从了我的个人愿望，还对我很亲切。因为有这么多人的帮忙，才让我的收藏得以存在，在此向他们表示衷心的感谢。

这20年的时间，我到过约400个拆除现场，收藏的碎片也多达1000多件。看到这些堆积成山的碎片，我不由得想起它们曾作为散布在城市各处的各色建筑物的一部分共同度过的"丰饶时代"。建筑物被拆除时，那些曾参与建造的人们的热情、刻画出的历史、街景和回忆，以及一起被敲碎化为粉末的碎片，将一同被埋葬。我捡回来的收藏品，可以说是浓缩了上述种种的珍贵碎片。

不久后我也将离开东京，回到烟囱消失的故乡。我思考着在那个山丘上，我能否赋予这些碎片新的生命呢？

原文刊登于《建筑物的纪念品——一木努收藏》
（转载自《INAX gallery》，1985年12月）

收藏碎片的过程

收集报纸、杂志的信息

问：可否先请一木先生谈谈将某建筑物的碎片加入自己收藏的大致过程。

一木：刚开始最重要的是获取信息，报纸、杂志都要尽量涉猎。只要是与建筑相关的杂志我都会看，再来是摄影杂志和财经杂志。因为公司倒闭、合并、移转、改建等信息最常在财经杂志上看到。不是那种很专注的阅读，但几乎都会浏览一下。

问：报纸呢，大概看几份？

一木：《朝日》《每日》《读卖》几乎每天都看。还会细读报纸里出现的杂志广告。里面常有"都市影像""××区域""建筑"等相关的摄影报道的介绍,我会特别注意这些信息。还有知名人士新居落成或是拆除等信息,会出现在各种杂志的广告上,总之都会先浏览。必要时,也到书店去找相关的书籍。

报纸几乎全部的版面也都要浏览才行。运动设施的拆除理所当然出现在运动版;企业的搬迁则出现在财经版;社会版也有各式各样的信息。此外,信息最多的应该是地方版,我会很仔细地查看。

问：大概都是什么时间看呢?

一木：早晚看,要花不少的时间。此外,《东京新闻》和《日本经济新闻》则是拜托周遭有订阅的朋友提供信息。因为我不看电视,电视有时也会报道知名建筑物要拆除的消息,这些信息大多也是得自身边的人。最近《东京新闻》时常出现拆毁的报道呢。

问：自己找到的和得自朋友的消息来源占比大概是多少?

一木：虽然来自朋友的消息不少,但大部分都是我已经知道的。市内的话大概十件内有一件吧。地方的话,因为较难顾及,所以地方上的信息对我来说很珍贵。

问：提供消息来源的朋友通常也和一木先生一样吗？

一木：没有人和我有相同的收集嗜好。（笑）他们通常都只是把消息告诉我，没有人会真的跑到现场去。此外，还有不少人即使得知消息，却一心认为"我不可能不知道的"，所以没有告诉我。事后才听到他们说"你竟然不知道有这件事"。

问：以这种方式获得信息后，接下来呢？

一木：报纸、杂志，接着是来自朋友的消息。这也有各种不同的情况。像是拆除和修建就不同。事实上不会全部拆毁，只更新铅格子窗或重新上漆这种，看起来像是拆除但其实不是。虽然感谢朋友提供信息，但这样的信息占比却不少。只要得到消息我一定会到现场。

在我居住的东京而我却不知道的拆迁事件大约有二十件。如果事先得知消息，我肯定会前往现场。

问：到目前为止，在东京收集的建筑物数量有多少？

一木：三百几十件。

问：不知道的只有二十几件啊。

一木：是的，占不到一成。另外，尽管拆迁物多得像山一样，我认为没有必要前往的建筑物当然也有不少。总之，只要有被拆除的建筑物，我几乎都能取回碎片。因此，好的建筑物在我不知情下从这世上消失的例子，大约有二十几座。

散步街头是最好的信息来源

一木：走在街头，时常可以遇见一米见方"建筑计划通知"的白色广告牌。这是规定的做法。

问：也会从其中获得信息吗？

一木：会。但是我刚来东京的时候还没有那个法规，大多是先看到有地方被围起来，然后才发现原来要拆除。

说到留意街头的情况，我坐电车从不会打盹睡觉，也不看书，只是看着窗外。通常透过车窗是可以看到建筑物的，我会轮流注意左右两边，搭出租车时也一样。什么地方有什么建筑我大概都记得，所以即使快速移动，我还是能够看见。

问：搭电车都不坐下来吗？

一木：几乎都站着。即使是坐着也会转头望着窗外，就像小孩子一样。（笑）尤其是搭乘平常不太会坐的电车时会特别注意，坐巴士时也是一直看着外面。也不是静静地只盯着窗外看，而是就像刚才说的，在心里想着，经过这区后，前面会出现什么，和记忆里的地图对照着。

例如有一次我从电车内瞥见窗外远处的建筑物一楼正开始被围起来，我慌张地在下一站下车走回去，马上和现场的人进行交涉。如果是在地下行驶的电车里，当然没办法，但乘坐行驶在地上的电车上时我都会很留意窗外。

亲自走到街上是最直接的，接触到的信息比报纸、杂志来得多很多。

会品味这些建筑物的照片吗？

问：去现场查看时是直接前往目的地吗？

一木：如果知道明确的地点通常会毫不犹豫直接前往，顺道勘查邻近地区。但我通常不会突兀地展开交涉，即使贴着"建筑预定告示"也不会突然跑进去。我会一直等到开工，而且里面所有的人全部出来之后，通常得等到拆除的建筑物所有权转移到拆除业者后，才开始进行交涉。

问：你怎么判断这个时间点？

一木：一般来说，建筑物内部会先被清空，接着可能会设置简单的拆除作业期间的临时联络处，看起来像正要准备施工的模样。不等到这个阶段的话,交涉会变得很复杂。即使拜托了建筑物的所有人,之后还是要再拜托实施拆除作业的人。我尽量以拆除业者为第一个交涉的对象。

但还是有一些例外的情形,有些小商店好不容易等到这个阶段却转眼间就突然被拆了,这时我会选择先跟屋主商量。简单来说,大楼拆迁,我会等,商店的话就直接先交涉了。

大楼的话,时常有机会可以先进里面拍照,此时我还不会提出想要碎片的要求。不先进建筑物里看一看,就无法知道这是什么样的建筑物,哪个位置有什么东西。在大楼爆破处理前,几乎所有的大楼都会开放自由进出,让人参观,但之后会有保安人员看守,无法再自由出入。我已经很熟悉这些流程了,可以不着痕迹地进去,通常没有什么问题。当有保安人员看守时还是会先取得同意,才会进去拍照。

在拆除之前先拍照,并且把之前收集到的与建筑物相关的旧照片、平面图等放在手边,当交涉不顺利时,就拿出准备好的拷贝数据。而且一定事先调查好竣工年月日及设计人等资料。

问:在拍照时,会在心里盘算着要拿哪些部分吗?

一木:会有模糊的想法,但在建筑还没被拆除时,我不太会去想这个问题，只会觉得遗憾：真是栋好建筑啊。我不会去拘泥细节，而应该说会把握品味建筑物最后的时刻。这和我在街头散步的心情是一样的，我不会特意有"有没有什么地方要拆掉"这样的念头。走一整天也不觉得累，什么都不吃也无所谓，一整天就这样到处走动。走在各地的街头，转进各个街角，左看右看。我还很喜欢爬到高处以眺望远方。千代田区、中央区、港区和文京区的一部分，以及台东区、新宿区的一部分，我大概都知道那里有什么样的建筑物，边看边确认。"啊，有了。还有人使用，太好了。"然后拍下照片。这当中偶尔会看到"建筑预定告示"的消息。即使不是如此，看到盖着网子时，也多少明白这栋建筑的寿命差不多快到尽头了吧。当看到没有什么修缮、几近荒废的"没有元气"的建筑物，我也会频繁地再去查看。看到开始有修补的工事，会觉得"啊，太好了"。

和现场人员交涉的时间点

问：最初会找现场人员交涉对吧。

一木：大型的拆除现场，通常会有一个临时搭建的活动板房联络处，多半会利用大楼里的某一个房间，我会先到这里探路。

当然,到底什么时间去才好,很难判定。临时的幕布刚围起来,根本没有动静时还太早;还没开始动工时也不行,最好是动工之初。因为有时会从我想要的地方开始拆毁,这就必须及早行动。如果我想要的部分在一楼,而拆毁作业几乎都是从上到下,这时就可以慢慢来。另外,如果想要的东西是内装的部分也要尽早采取行动。毕竟时间很短,能够提前到手的东西还是早早取得为妙。

在观察后认为差不多要动工了,或是上层已经开始着手拆除了,我就会到联络处去拜访。但时间也是另一个问题。施工过程中最好不要去打扰工作人员,这些地方通常很早就开工,大多8点或8点半就开始,在开始动工时被当成麻烦人物的话,之后肯定不顺利,最好挑午休时间去,也不能挑刚好要去吃饭的时候。

问:最好在吃完午餐之后?

一木:拆除现场的工人通常会在吃完午餐后睡个午觉,或是去喝杯咖啡,要等到他们回来,只有休息结束的1点钟前的少许时间。过了1点就要开始下午的工作,也不好打扰。

偷偷去现场窥探,发现大家都在午睡时,我也绝对不会出声，会等到大家醒来。

接着要打量看拜托哪一位才好，这也不容易。选到的第一个人是"不行不行,这种事不可以"，或是"啊,想要什么都行,你尽管拿"，可说是重要分界。这时当然要锁定现场权力最大的人。因为下面的人还是得看上面的脸色行事。上面的人至少可以自己决定,所以拜托时尽量要找上面的主管。

问：这时你会随便找个人问"现场负责人是谁"吗？

一木：要看当时的气氛。有时会突然和谁四目接，我的本业是牙医,每天都要面对很多病患,所以培养了看一眼大概就能判断这个人的直觉。这时当然会选个看起来会答应我的人。有时联络处会有女性职员,这时也大多会通过她来交涉。因为她通常会直接帮我问上面的人。此时身上带着照片或是以前的平面图拷贝就会十分有利。对方如果回答"嗯,你想要什么？"那就应该没问题了。然后我会拿出照片给对方看。现场的人是来拆除建筑物的,当然不可能没有以前的照片,但他们却不会看细部。

问：名片呢？

一木：我会拿出没有职称的名片。

问：对方不会追问吗？

一木：我只会说"我本业是牙医"。因为我的打扮很像学生，容易被怀疑。但一说是牙医，对方大多的反应是"哦，原来如此"。其实我是不太想说的。

问：会有人追问为什么收集吗？

一木：嗯，有时候。但大部分都是礼貌响应后就结束了，不会再深入追问。几乎没有人会问为什么或目的是什么。

问：总之要先得到可以或是不行的答案。但如果一开始就被拒绝，你打算怎么做？

一木：当然也发生过这样的情况，大型拆除现场偶尔会有。遇到这种情况时，我会写封声情并茂的信给大楼的所有人："贵府的建筑实在太出色了，我也有许多这样的回忆。至今为止，我收藏了很多这类的东西。给您添麻烦了，您可否把它送给我呢？"写下类似这样的内容，并附上照片，标明"这是我想要的部分，恳请割爱"。最后再加上"请您指定地点和时间，我会配合前往"。再附上贴好邮票的回邮信封寄出。如此一来，几乎都可以收到回信。

但一些属于官方的建筑物，有些是绝对禁止给外人看的。我会尊重对方的好意，按对方的要求来行动，这也是基本的礼貌。这一类的情况也时常会碰到。

如果拆除现场没有联络处，只有拆迁队时，太死缠着不放会有反效果，适时以"抱歉打扰"来回应或许恰到好处。虽然配合对方来行事有点太没有原则，但我基本上是个随机应变能力还不错的人，大概都能把握时机，取得最初的同意，然后一步步进行交涉。我一定会先询问对方的名字。下次去时就直接问"某某人在吗？"光是这样，对方的反应就完全不同。并非要刻意谄媚奉承，而是看对方散发出的气氛来回应。

问：有时太过于客气卑下反而会产生反效果。

一木：没错。

现场交涉的乐趣

问：基本上现场拆迁队都有权处理是吗？

一木：大部分拆除后的部分会被专门业者买走。钢筋架构的建筑里的铁条，可以卖钱，这部分当然早就在计算当中，所以拆迁队是有权力处理的。拆除后会出现什么，哪一部分属于谁，这种情况偶尔也有。

当知道哪些部分会怎么处理，我的要求也就通常不会被拒绝。对方打电话会说"请你什么时候来""到时请打电话"，或是"现在一起去拿吧"。有许多不同的做法，我会尽量配合不给对方添麻烦。此外在有可能发生危险的场合，也全部听对方的指示。

问：有在现场空等的情况吗？

一木：有。只是我也有工作要做，有时一句"时候还没到"就让我不得不先回去。有时候我按对方说的时间去，结果那个人却不在。此时就留话请人转达。"对不起，可以跟他说我来过吗？"然后干脆地离开。这种事我也遇到过好几回。其实只要展现诚意，这样就够了。对方也很忙，不太可能为了一个陌生人的兴趣花上太多心思，有时也会忘了自己的承诺，这也是没办法的事。

问：有遇过一天内有好几个拆除现场的情形吗？

一木：有。如此一来一天要赶好几个地方，手上的东西越来越重，很吃不消。

问：你去过这么多拆除现场，有没有碰到过拥有相同爱好的人？

一木：有。在大森见过的人，之后竟然在板桥也见到，对方也大吃一惊："你又来啦，消息真灵通啊。"

问：拆迁队有很多吗？

一木：很多。也有人认为只要和拆迁队建立关系就比较容易，但我觉得这违反游戏规则。我自己是从收集信息开始做，和把什么都交给别人，根本上还是不同的。会发现什么样的待拆建筑物，和会遇到什么样的拆迁队都是缘分。见到以前打过交道的拆迁队，会比之前多了一份亲切感。甚至对方会主动跟我说："你之前是不是也去了那里？"

问：拆迁队也分技术好和不好的吗？

一木：我是外行人看不出来。只能看得出来现场气氛好不好。例如夏季天黑得较晚，有时工作结束后去，刚好现场也正准备收工，这时就会让我自由进去，甚至常跟我说："有什么喜欢的就带走吧。"像这样还挺开心的，有时会和他们去喝个小酒。和他们变熟后，有时甚至有人会拿出漂亮的金属制品跟我说"你看，我发现了这个"，然后给我。和现场各式各样的人打交道，真的很有意思呢。

通常会选什么样的碎片

问：建筑物的拆除顺序通常是由上到下吗？

一木：几乎没有从下面开始拆的例子。（笑）如果周遭的空间够大，有时也会从周边开始拆除。以前常使用铁球来撞击，现在多半使用挖掘机。这能让噪声变小，也不会扬起太多灰尘。

问：选择碎片有什么标准吗？

一木：交涉时我通常会说"什么部分都好"，虽然是真心话，但我还是想找到可以代表这栋建筑物的部分,或是可以表现建筑物外观形象的部分。一看就能联想起这栋建筑的外观。例如黄色调的大楼,最好是有黄色漆的墙面。像东京电影院(Theater Tokyo)的蓝色瓷砖是它的招牌,如果能拿到蓝色瓷砖的墙面最好。

再者是让人视觉印象深刻的部分。像是电梯的显示板、有趣或美丽的装饰,或是美丽的雕刻或浮雕。还有人们手常触及的地方,像是扶手、开关,这些也是选择的方向之一。

因为很难完整地取得,真的是什么部分都可以的。不过,既然都是设计者与工人花费时间和工夫建造的,还是能选择这些具有代表性的部分最好。

从宝山中搜出宝物

问:终于要进入宝山搜寻宝物了。

一木:但也有无法进入现场的时候,而且必须听从现场负责人的话。如果我进入现场不小心受伤,那就麻烦了。时常会碰到"我没办法让你进入现场,我会把你想要的东西找出来给你"的情形。我指明要"这个部分",然后按对方给我的日期前往,很多时候东西就已经放在固定的地方了。

能进入现场时，有时是和工作人员一起进去，在他面前取出东西，或让我自己进去取。

需要拆卸时，也分成三种情况：一是工作人员帮我拿；二是两个人一起进去拿；三是我自己去拿。让我一个人进去拿虽然很自由，却很不容易。因为通常时间有限，很多东西不是随便就能拆下来的。中午时间只有12点到1点，早上的话则是开工前30分钟，傍晚的时间就更短了。在这短暂的时间内要把附在墙面上的东西取下，真的很费工夫。有时无法顺利取下，只好放弃。一年里大概也只有三四次有机会使用道具拆卸，大多情况是捡取已经被拆解散落在地面上的东西。

问：说是捡取，但其实也不像嘴上说的那么简单吧。

一木：要在残垣断壁中找出东西原本就很困难。再加上时间限制，要一眼就找到完整的砖头或瓷片，而且要表面上看起来还算漂亮的东西才行。这样的找寻相当不易。有时砖头或瓷片刚好表面朝下，有时上面堆了东西，只会露出一小部分，有些砖头上会有记号。要在很短的时间内找出形状还算完整的好东西，的确是有着从宝山里挖出宝物的乐趣。

同样的现场去了五趟,甚至十趟

问:即使对方乐意奉上,但应该也有遇到东西太大的时候吧。

一木:当对方愿意大方给我很精美完整的东西时,我真的很感谢;但的确有好几次因为搬不动,只好放弃。这也是无可奈何的事。

此外,要是我相中很美丽而且非常想要的东西,公司或所有者小心地把它完整地保留下来,我也会倍感开心。当然,最好是留给之前使用的人,但是如果决定丢弃,我当然顺手接下。

还有对方特地帮我留下来自认为好的部分,但我其实觉得一般的情况也有。但既然对方特意帮我小心取出、保留下来,我当然就开心地接受。

问:你通常会到现场好几次是吗?

一木:已经确定要拆却迟迟没有动静,也很让人忐忑不安。虽然不会在心里抱怨"怎么不快点开工呢",但的确会一直挂念着,到底何时才要拆。只好在一旁耐心地守候,而且为了交涉得去好几趟。如果想要三楼的东西,就要等进行到三楼时再去,这就得常去确认目前的进度,除非现场的人会主动通知我。

对方给的东西如果无法搬走也很烦恼。如果大到非得开车来搬不可,还得请对方让我放几天。但放太久也会给对方带来麻烦,得尽快找时间去搬。如果想要的东西不止一件,有时也得去好几趟。因此同一个现场去个五到十趟的情况还不少,去到互相都认得了。但对业者来说,我依然是个麻烦人物,只要觉得当时现场忙得不可开交,我就先掉头离开。

问:你会带个什么小礼物过去吗?

一木:我一定会好好答谢。虽然绝不会掏钱买东西,但一定会好好道谢。最后一定会跟对方说完"感谢您的协助"才拿东西离开。大多时候会用啤酒券或是烟来当作谢礼。有时也会送对方收录建筑物的书的拷贝数据。最多的还是啤酒券,因为不占空间,现场的工作人员可以一起去喝酒。去拜访时我都会观察对方抽什么牌的烟。

问:通常会带什么工具去呢?

一木:通常也不会由我自己来拆卸,所以我只会带最低限度的用具。这些东西也不是随身携带,而是要进入现场时才带。一定会带安全帽和厚手套去。如果需实际动手拆取,会再带起钉撬棒、螺丝刀、小锯子等。

搬运、记录,然后保管

问:来谈谈搬运吧。

一木:知道能入手后,就要准备能装物品的袋子。有时是装垃圾用的厚纸袋,再加上几个小的塑料袋,就能顺利装进去然后搬走。骑脚踏车时,会绑在后座上;东西太重就会搭电车,这时也会尽量准备能用肩扛的大布袋。更大一点的会叫出租车,真的连出租车也不太方便的话,就跟朋友借车。平常可以拜托的有五六辆车。

问:先搬到你住的地方吗?

一木:是的,不会直接搬到乡下(下馆),会暂时放在我住的地方。如果沾了很多污泥,就必须先清理晒干。污泥处理也是重要的一环。厨房地板通常会沾有很多油渍,也要洗干净,因为会有味道。接着先堆在楼梯上,堆满的话就堆到地上,以不干扰日常生活为原则。被雨淋湿也没问题的东西,有一段时间我甚至把它们摆在住处外面的空地上,结果隔壁的老太太居然跟房东说:"大件垃圾只要联络东京都,就会有人来搬走。"听到这句话,我赶紧借朋友的小货车,把它们搬到乡下去了。原来在别人眼中是大件垃圾啊。之后每当累积到一定的数量时,我就尽量一次把它们搬到下馆去。但也没做特别处理，只是堆着。我还是会把相关数据尽量写下来，包括建筑物的名称、竣工年月日、设计人、施工单位、拆除年月日、采集日、提供人、谁帮忙搬运等的信息。

这次连我自己也才终于看到全貌（"建筑物的纪念品——一木努收藏展"·1985年12月到1986年2月）。这次展示的数量，大概是一千来个收藏里的三分之一。此外，像瓷砖有各式各样形状，大小也不一样，十个就是十件。但之前我也说过，有些是无法展示的东西，有些则是在收到时就和赠送人有过约定，绝不能对外公开，这些就是我一个人的秘密收藏。

牙医和兴趣之间

问：收集这些建筑碎片的过程中，有没有自我警惕的事？

一木：总之，这些仅是我个人的兴趣，为此突然跑到拆除现场，已是某种麻烦人物，所以尽量不要给人添麻烦是我的原则。就像我身为专业牙医，在治疗的过程中绝不允许任何出错的状况。但我却是真心地想和现场的人交流。因为是不涉及金钱的"免费赠送"，不先和对方建立良好的关系是无法顺利完成的。我喜欢和人见面，也因为和人顺利交流，才能获得很多的收藏品。有人如果想和我做一样的事，肯定会很辛苦。但也没有人想和我一样就是了。

虽然也有人在卖这些东西，但我绝对不会买。如果有人想买，也愿意好好保存，那当然很好。我只是想收下那些即将被丢弃的东西。

问：有没有因为病患的关系而无法抽出时间，或是连吃饭的空当都没有的时候？

一木：也不是没有这种情况。这我倒是抱持着平常心。有可能在看诊的 10 分钟前，我其实还在拆除现场的帐篷内晃荡，双手满是污泥搬着重物。一回到诊所，第一件事就是把自己彻底清洗干净，因为接下来可是要把手伸进病患的嘴里呢。整个人要先冷静下来，毕竟这是我的本业，在病人面前我只是个普通的牙医。这部分的反差，我个人倒还挺享受的。

问：有过受伤或失败的经验吗？

一木：以前曾经把大理石装进塑料袋，结果一搬起来塑料袋破了，大理石掉下来砸中我的脚。还有一次在木造建筑物里不小心踩到钉子，脚掌被刺穿了，这时绝不能在现场喊痛。重的东西还得假装搬得很轻松，有礼貌地说完"真是感谢"才离开。后来把鞋子脱掉，才看到连鞋子都被血染红了。

陶醉于废墟之美

问：除了在拆毁前拍下照片、收集碎片之外，应该还有其他人无法想象的乐趣吧？

一木：进入现场后，常可以看到以前的资料。银行的话，会有以前的印章、账簿等，堆得像小山一样高的资料全都被当成垃圾丢弃，觉得好浪费。虽然也会有带走一些的冲动，但又觉得这样不太对，于是就没有动手。从这些资料中也能看出这栋建筑经历过怎样的历史。

另外，拆除现场有着外人无法想象的废墟之美，那是行将毁灭的美感。感觉自己就要目睹这具有冲击力的一刻。灵南坂教堂被拆除时也是如此。教堂的顶部先被打了一个洞，接着西侧的墙被拆下。前年的冬天刚好那几天下着雪，我一早去正好目睹没有墙的教堂，全被白雪覆盖了。因为屋顶有个洞，所以室内积满了雪。曾是山口百惠和三浦友和结婚的教堂，至今为止在超过半个世纪的岁月里形形色色的人做礼拜的地方，现在却积了雪。东侧的墙还残留着玻璃彩绘。此时太阳突然从东侧升起，阳光透过玻璃洒进了白雪覆盖的室内，而且当时只有我一个人。这样的空间真的太不可思议了。这种一瞬间置身于不寻常的景致的体验,很珍贵。

在更大的建筑里,这种感觉尤为强烈,比如前一刻才置身屋顶,刚下楼来再往上看的时候,屋顶已经在拆毁中了。前一个小时还站着的地方,现在已经不存在,真的非常不可思议。刚刚还在半空中的自己,脚下的所有现在都已成为废墟。不只是因为自己是最后置身于此建筑物里的人,光是想到在那个空间拍照这件事,就觉得回味无穷。

问:还有什么特别的吗?

一木:要一个一个述说每个现场的回忆,说也说不完。但光回忆这些景象就是一件很快乐的事。在这个展览会场上,每天都和各式各样的人见面,还可以听到参观者的回忆,也很愉快。在拆除现场见面和与患者见面其实也没有什么不同。

问:收藏者通常喜欢物多于喜欢人,一木先生好像不是如此。赤濑川先生也说过,碎片对一木先生来说,与其说是一种记录,倒不如说一木先生收藏的这些碎片像是日记,或是串起回忆片段的媒介。

一木:我觉得建筑物本身就有这样的属性。即便是车站前某个角落的建筑,都是这个街道的记忆、时代的记忆,会让人掉入时光的想象中。建筑物落成的瞬间，也意味着许多事物的诞生。人总是在建筑物落成时大肆庆祝，却不太重视之后的过程，我希望能够唤起这样的意识。从这样的角度来思考，建筑物的价值不在于是否由知名的建筑师所设计，或是在建筑学上有什么特殊的地位，和这些一点都不相关。我当然不是以这样的标准来收藏的，所有的建筑物都可以是我收藏的对象。其实多少都和我自己的经验有联系。即使没有任何关联，当某人拿着它的一部分来送给我，那就是我和这个人产生关系的珍贵对象。

发掘路上的托马森

铃木　刚、田中千寻

> 知名的物件就要消失，真是有说不出的落寞，但这或许就是托马森的宿命。一旦想到，今晚或许在某个小巷弄中，有托马森在不为人知的情况下逐渐成形，就让我蠢蠢欲动。

超艺术观测实务

托马森观测中心／铃木　刚

按 1986 年版《现代用语的基础知识》的解释，"托马森（动词）"意指"下痢"，为年轻人用语。我在这里要说的托马森当然不是这个意思。

说到"托马森（动词）"，笔者周遭的人都明白，指的是超艺术托马森田野调查（动词）。我们"托马森观测中心"平常做的勘查行为，若以文字详细说明，就是"在路上发现附着于建筑物或道路上、毫无用处、却被完整美丽地保存下来、无法解释的凹凸物件,并且加以记录、报告"。说到观测手法,依每位观测员的风格不同而有微妙的差异,在此循着基本原则,介绍大略的作业方式供新手参考。请参考其做法,实地进行观测后,再改良成适合自己的做法。

*

当我要在这里介绍调查方法的实际情形的同时,刚好听说去年夏天赤瀬川原平所著的入门书《超艺术托马森》,出乎意料地在一般读者中引起极大回响。(虽然对前述《现代用语的基础知识》的误用及不精确感到不满,但从其收录"托马森""托马森〔动词〕"条目,已能看出该艺术的影响力。)本稿因篇幅有限,只能以大多数读者都具备基本知识为前提,把焦点放在实践层面;但考虑到少数尚未发蒙的读者,也可把这当成入门的演练,在此就先尝试把已发现的托马森加以分类,请参阅。

回溯超艺术托马森的历史,在日本及世界各地的滥觞都可追溯到东京四谷曾存在的、用途不明的楼梯(四谷阶梯)。距离发现四谷阶梯刚好过了10年,1982年秋天,超艺术勘查本部的托马森中心成立。该中心提出的 11 个分类,代表了托马森现象的各种样貌,可谓至今为止十多年内调查及研究活动的精华。超艺术托马森究竟为何物?尚处于白纸状态的读者,如果能试着去感受这些物件周围的气氛并且有些微的感觉,我就感到很满足了。如能亲自到现场走一趟,直接鉴赏物件,相信会有更深入的理解。

接着就让我们进入正题吧。

(1) 作业概要

和其他田野调查一样,超艺术托马森的观测也可以分成①准备工作(包括设定调查区域及路线、事先调查、准备调查所需工具等)、②正式调查(田野及街头的调查行动,通常被称为"勘查")、③事后作业(完成报告文件的书写,成为今后研究的指标)三部分。这一连串的工作之间息息相关,前一个阶段如果不够仔细,必会影响下一个阶段,因此希望每个部分都能认真地执行。

对于超艺术,我们的角色只能是"发现人""报告人",而非"表现人"或"创作人"。基本上须秉持科学的态度诚实应对,极力避免疏漏及粗糙的作业。以下针对各个阶段的作业内容和注意事项详细说明。

纯粹阶梯——纯粹强迫性的上下移动，除此之外没有任何作用的阶梯
〔例〕①新宿区四谷本盐町·旅馆祥平馆（1972年，首例）
　　　②文京区春日2-20（1983年5月）
　　　③文京区本乡1-32（1984年12月）

发掘路上的托马森 245

无用门——用各种方法拒绝人进出的困惑之门
〔例〕④千代田区神田骏河台 2-5·三乐病院（1973 年，首例）
　　　⑤千代田区神田骏河台 4-4（1982 年）

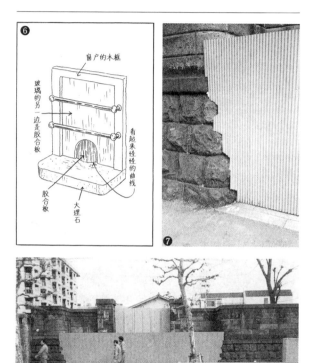

江古田（エコダ）——填塞物的形状经过细心加工，使其完全密合的无用空间

〔例〕⑥练马区旭丘 2·西武池袋线江古田车站内（1973 春，首例）
　　　⑦⑧港区赤坂 8-5（1985 年 10 月）

发掘路上的托马森　247

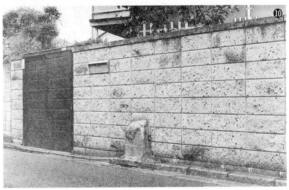

蜂蜜蛋糕——附着在建筑物墙面，无明显用途，类似蜂蜜蛋糕的凸出块状物
〔例〕⑨千代田区西神田 2-1（1976 年，首例）
　　　⑩杉井区梅里 2-22（1982 年 8 月）

壁檐——失去原本要遮蔽的东西,却依然残留着的壁檐
〔例〕⑪千代田区神田骏河台2-5(1979年10月,首例)
⑫新宿区坂町20(1983年8月)
⑬中央区新富町1-2(1985年9月)

发掘路上的托马森 249

爱宕（アタゴ）——排列于道路、建筑物旁，用途不明的凸起物体群落
[例] ⑭⑮港区爱宕1-2（1981年3月，首次发现）
　　　⑯涩谷区代代木1-34（1983年2月）

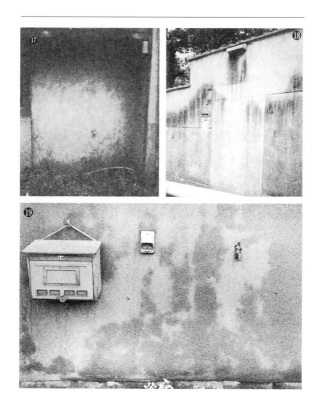

涂墙——乍看易被误认为墙壁,从细微的痕迹中可以听见被涂上的东西的呢喃

〔例〕⑰浦和市岸町(1982年8月,首例)
⑱港区南麻布3-13(1983年6月)
⑲与野市上峰2-1(1983年2月)

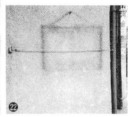

原爆——物体拆除后,在隔壁墙面上残留的原尺寸的印子
〔例〕⑳爱媛县松山市(1981年10月,首例)
　　㉑涩谷区猿乐町5-1(1982年10月)
　　㉒中央区新川1-28(1984年7月)

阿部定——模仿知名猎奇事件的手法。被切断的电线杆、树木等
〔例〕㉓涩谷区千驮谷2（1983年2月，首例）
　　　㉔浦和市常盘5-15（1983年9月）
　　　㉕中央区新川1-17（1984年9月）

高处类型——以功能而言,设置在不合常理高处的门等物件。可能是紧急逃生用的门,但是否真能使用令人怀疑

[例] ㉖涩谷区猿乐町 6(1982 年 10 月)
㉗荒川区西日暮里 5-15(1983 年 6 月)
㉘文京区水道 2-9(1981 年 3 月)

其他——无法列入以上类别的特殊物件

[例] ㉙㉚港区六本木1-1（1981年3月）麻布谷町的无用烟囱。此为该物件被拆毁前的发现照，雨中无语的模样好美。烟囱被迫拆除的时期（1983年10月2日），建筑碎片收集者（箭头）和托马森迷看起来曾近距离接触

发掘路上的托马森 255

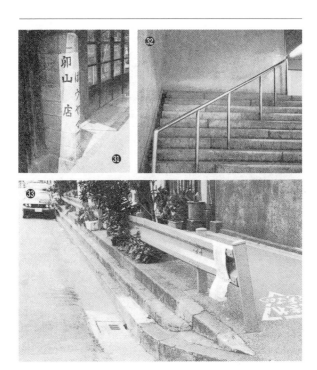

㉛ 文京区大冢5-18（1982年5月）。停止运营的商店，只剩下最后残留的广告牌兼墙壁
㉜ 新宿区高田马场。地铁东西线高田马场车站内（1982年夏）的高田马场三角。划出无用空间的手扶杆，呈现出原目的相悖的托马森式的构造
㉝ 中央区新富町1（1983年7月）长约50厘米三重构造的柏油步道

㉞ ㉟ ㊱ ㊲ 浦和市元町 2-9（1983 年 12 月）每天重复同样的开关，后面是墙的铁卷门，每日"托马森"

发掘路上的托马森 257

㊳ ㊴ 台东区根岸 3-8（1985 年 4 月）盖在缓坡上的建筑物。要走到正面玄关，只能登上这座混凝土台

(2)准备工作

① 设定调查区域及路线、事先调查

当即将进行调查的目标为未曾被调查过的区域，或范围广大需要投入相当的人力做集体调查时，此阶段尤其重要。除了应先到当地初步探勘获得感觉外，还得从各种小道消息或是报章杂志中获取信息，据此选定适合的区域，并且通过研究地图，取得大致的地理概念。

至于路线，托马森调查除了需要明确的起点和终点，途中还有所谓追踪"气味"的突发路线。这虽然不是什么特别值得兴奋的事，不过重要的还是邂逅物件，邂逅的妙处视情况而定，这大概也是必要的一环。只要抓住重点，设计一条大概的路线就够了。此外，终点最好有能够充裕地检讨当天的调查的空间。

② 调查工具

相机可说是最重要的必备工具。记录物件的状况和样态可以有各种方式和手段，但客观、精确又可轻易取得的优良工具，非相机莫属。同时相机也被公认是托马森观测时必须携带的工具。简单的傻瓜相机就好。至于底片，可以想象投入调查时底片的消耗量必然是一张接一张，最好准备充足的底片，不要因为担心底片不足而影响了实际的勘查。

接下来是笔记本和地图，这两项是记录、确认物件所在地，及事后写报告书时的必备用具。

用市面上贩卖的一般笔记本即可，自行设计适合的笔记本更佳。像是准备画板，并且附上方格纸；或用线把笔绑好固定。这部分可自行发挥想象力。

背包里至少要准备一本东京 23 个区的分区地图集。另外，还有比例尺及各种不同用途的尺，也可以多准备一份分类地图和住宅地图等作为辅助，如此一来也比较容易判断物件所在地的状况。托马森的调查原本就处于生产性和非生产性之间的充满魅力的狭长地带。"边界地带"的部分原本就是被认同的，有时会以新、旧，有时则以高、低的样态出现。国土地理院发行的万分之一地形图可以清楚地看出街道和小巷弄交错的复杂模样，也可以显示土地的高低差异，可当成辅助地图，也算能轻易取得的工具之一。除了在实际勘查时派上用场外，也是调查中可找到"重点"的好帮手。

为了随时保持"不论何时遇到物件，都能立即进入观测"的状态，除了维持"平常心"和"平常穿着"外，以上的工具最好随身携带。好不容易遇到的物件如无法立刻当场记录下来，下次再去有可能已经消失，故要有万全的准备，不要错失任何机会。多准备肯定没错。

如果希望资料更为充实完备，也可准备折尺或卷

如果希望资料更为完备,事先调查时就可准备卷尺等测量工具

尺、指南针、秒表等测量工具,或者视情况准备雨具、厚手套等装备。按季节、地点的特性来做适当的准备。虽然不是特殊的工具,但我还是要在这里提醒,选择一双轻便又耐穿的鞋子是实际调查行动中最为必要的事。

(3)正式调查(勘查)

① 新手的心得

没有发现的探勘就没有乐趣。如果没尝过自己发现的喜悦,这类研究就很难坚持下去。如果我说发现物件也需要才能,这肯定是没有依据的,但确实需要某些诀窍。我并非故弄玄虚,留一手不想外传,而是很难说清楚。新手最好跟着前辈一起进行实地勘查,在现场学习这些要诀。但是这种机会本身就是可遇不可求的,我还是在这里说明调查时的注意事项,并举例说明发现新物件的线索和暗示。没有任何新发现的情况也时有发生,此时就把当天的调查当成"托马森",不必再做无谓的坚持。

△观测地域的选择,与其尽选一些新奇又遥远的地方,不如先从自己熟悉的区域或通勤上学的路线开始观测。

正是在这样的地方堆积了厚厚的日常,空间中充满了"理所当然"的气氛。一旦改用质疑的视角来望向这些"理所当然",埋藏其中的托马森将鲜明地浮现出来。人的眼球上也覆盖着鳞片,这种说法或许是真的。作为入门者大开眼界之处及品味"发现托马森"妙处的地点,"熟悉的住家附近"可以说是首选。

现存的作为"纯粹阶梯"式的美丽物件而被人所知的"两国阶梯",就是报告人平常上学乘坐总武线时,从车窗向外眺望时发现的。

△进行勘查时,一定要承受所有人,尤其是当地居民怀疑的眼光。

在实际进行探勘时,恼人又不可避免的是总会有人投来怀疑的目光,让人觉得有点受伤。此时不能退缩烦恼,倒不如以一位探究真理的研究者自居,表现出坚毅的态度。但还是要小心一点,如果恶搞过头,刺激到了所有者,最糟的情况,所有者可能会撤除物件。

△同样地,在追究物件的来龙去脉时也要自己拿捏分寸。尤其当要直接询问他人,甚至关系人的看法(可能的话尽量避免)时,更要谨慎地应对。对于物件本身,要像对待出土文物和遗迹一样,在追究原因时尽量发挥想象力,对看不出用途的物件,推测其使用方法。这一点可以以考古学者为样板。

△不要想节省底片。

如果属于既有类型的物件,不论是不是托马森都比较容易判断,但尚未被发现和报告的物件,即使是老手也不容易判断。最好养成只要稍微感到"怪异",就先按下快门的习惯。因为不易判断的物件通常也是很有想象空间的,切忌随意放弃,可以留待相片洗出后再慢慢玩味。

更重要的是,一个物件至少要拍二至三张照片。为了让报告不致显得马虎粗糙,除了照下物件的全貌和特写,在自认为有必要的拍摄角度上也别忘了按下快门。

发掘路上的托马森 263

从车窗向外看到的"两国阶梯"

两国阶梯

△报告书里需要的资料,尽量在实际调查时全部取得。

如当天时间不够充裕,可先把人或适当的物品(如烟盒等)一起纳入画面中,作为判断实物大小的比例尺。

△除了依赖相机记录,探勘的时间也会被季节的日照长短所左右,夏天和冬天的差距很大。步行速度可以配合季节天气来调整,最重要的是切忌过于勉强,以自己觉得最舒服的速度移动。新手可先以放松的散步方式来进行观察。浦和分部的托马森观测中心注重机动性,听说也尝试以自行车进行移动。

△经验累积越多,越常会忽略较普遍的物件,建议尽可能详细地记录下来。像是被认为是最容易被发现的"壁檐"类型,就有"壁檐三年"的警惕语(编注:谚语"祸三年"的拟句,取"熬个三年,总会被发现"之意)。

②集体勘查

依观测中心的资料,到目前为止集体勘查实施过的地点有新桥、涩谷、四谷等都内的几个地方,以及大阪、京都等地。集体勘查是为了提升时间和空间上的效率,此外也兼作新手的训练实习。

集体勘查重视的是在质或量上都不能有看漏之处。事先选定作为深入探勘区域的四谷附近,物件的密度很高,可说是目标几乎都达成的成功例子(请参考

发掘路上的托马森　265

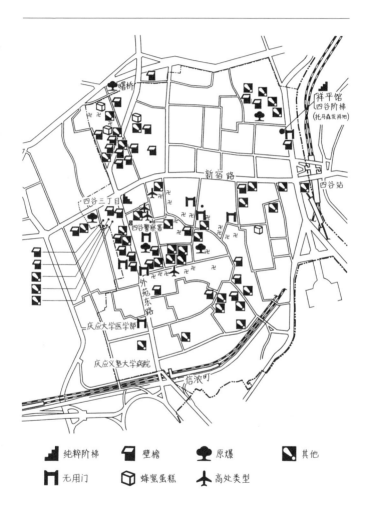

四谷周边托马森分布图（勘查时间：1983 年 8 月到 9 月）

四谷周边托马森分布图)。这个地区曾编列六次以上的观测队,动员30名调查员,总共发现了93个物件。

集体探勘时必须分工明确,再针对每个方面提高效率,以期达到更精密的调查目的。以1984年1月1日至4日实行的大阪勘查为例,观测队四人一组,一个人专门负责记录影像并可搭配一位助理,一位专门负责路线及测量,另一位则专门搜集并记录信息,以这样的阵容,在指定的时间内进行调查。加上最后一天的京都市内的行动,这次勘查总共走了66千米,在大阪发现了78个物件,在京都发现了11个物件,取得了丰硕的成果。可以把此次大阪的例子当成标准,参考其组成人员及分工,超过此规模时,分成几个小组来进行是合理的做法。另外,在影像记录上,即使有专门指派负责人员,其他成员在完成自己的任务后,如有余力也可自行拿相机来记录,以达到更全面、完整的调查成果。

(4)事后作业(制作报告)

即使在探勘中发现美丽或划时代的物件,只要没有制作成完整的报告书并提交,就不算发现,因此在做完现场探勘后还不能松懈。此外,一旦提出报告,不论是否被认可,资料都会被保存在观测中心,所以请务必尽量提出没有缺漏的报告。报告将成为今后探勘和研究的出发点，除了要有正确评价该物件的基本资料，必要事项也一定要完整无缺地记录下来。粗糙马虎的报告容易让人看轻物件的价值，也会让此次勘查的精密度受到质疑。

记述方式要尽可能简明扼要，写法请参考附图的例子自行研究。

在勘查结束的同时，也要明确地指定各物件报告的分工，才不致发生遗漏。这点要特别注意。此外，也要留下能纵观作业全貌的概要书。分好几天进行的探勘行动，最好养成每天作业完成就填写日志的习惯，这在概要书的制作上会有很大的帮助。

和"四谷的纯粹阶梯""江古田车站的无用窗口"并列为托马森的基础、被誉为"古典三部曲"中唯一现存、为人所熟知的物件——"御茶水三乐医院无用门"，也即将在明年年初被拆掉。像这样知名的物件就要消失，真是有说不出的落寞，但这或许就是托马森的宿命。不过观测者们还会忍不住想到，虽然这一处消失了，另一处又会诞生吧，这也是托马森，即便有点过分乐观。一旦想到，今晚或许在某个小巷弄中，有托马森在不为人知的情况下逐渐成形，就让我蠢蠢欲动。

超艺术托马森报告用纸

超艺术勘查本部 东京都千代田区神田神保町 2-20 第 2 富士大楼 3F 美学校内 Tel.262 2529

记录编号	认定印	提出年月日	1984.7.17
发现地点	北区中十条1-14 高山邸横芝板	发现年月日	1984年 4月28日(?)
发现人	1 吉野忍	2	3
发现人地址	大宫市日进町3-85		

物件状况（性质及其他）

沿着坡道上住家外墙排列的桩状突起物。距离墙壁约20cm。凸起物之间的间隔为 1.5～2m。主要材质为花岗岩和混凝土。其中有一个是偏黑的天然石材。形状为立方体，大小不一。最大的 60(W)×12(D)×11(H)cm，最高的 19(W)×16(D)×33(H)cm，最矮的 21(W)×15(D)×7(H)cm。一般来说约 20(D)×15(D)cm 的断面居多。从上坡开始先出现4根。经过电线杆之后有11根。坡道名称的告示牌后又有1根。接着是车库，最后又有1根，共17根。（如果把车库上坡处混凝土+木材的凸起物也算进去的话则有18根，但那也有点像车库木框的一部分）从大小来看，作为防止车辆碰撞墙壁的护栏，高度明显不足。没有证据显示这是原本是原木的柱子被折断后形成的。

发掘路上的托马森　269

编号	大小 W×D×H(cm) 宽×深×高	材质						
1	60×12×11	花岗岩	5	22×15×7	花岗岩	10	16×14×24	混凝土
2	37×17×16	〃	6	30×15×9	〃	11	21×15×17	花岗岩
3	47×18×15	〃	7	21×15×7	天然石材	12	16×13×21	混凝土
4	36×15×15	混凝土	8	19×16×15	混凝土	13	19×15×25	花岗岩
			9	19×76×33	混凝土	14	15×12×10	混凝土

15	19×15×11	混凝土
16	12×16×12	花岗岩
16'	98×17×11	木材+混凝土
17	16×19×28	混凝土

地图

托马森报告范例

"同样的小镇,从不同的角度来看,竟然像个陌生的地方,可谓眺望的景致有多少,小镇的数量就有多少。"
(莱布尼兹)

一个托马森迷的彗星猎人

托马森观测中心 / 田中千寻

1983年1月13日下午2时30分,我在涩谷区神宫前四丁目的路上偶遇了这个物件。这是个轮胎的金属骨架,作为重物,连着一根1.5米长的铁棒,有点像是公共汽车站牌或标示板的残骸。(图Ⓐ)

总觉得有什么怪怪的地方……环视了一圈,瞬间察觉原来是"它",但当我停下脚步并回头时,其实已经往前走了三米左右。即便视觉有所反应,脑袋要判断并下达指令却没有这么快,等手脚收到脑部发出的指令"总之停下来仔细观察吧"并停下来时,这其中的时间差约莫可以向前走出三米的距离。

往回走仔细观察,才发现自己会驻足的原因。这个物件的复杂和不可解深深地吸引了我。乍看之下这根铁管像是不可燃的垃圾,却被铁链捆着,固定在一旁的墙上,铁链还上了锁头。(图Ⓑ)

我心头立即浮现出疑问,这个东西的用途到底是

轮胎内的金属骨架上插着铁棒,并用铁链和锁头固定在墙上,判断为托马森物件

什么?为什么要把两个大人费力才能搬运的重物用铁链和锁头死死守住。拥有者的意图简直匪夷所思。况且即使用铁链和锁头锁住,只要把底座推倒,不就能轻易地让铁棍脱离锁链了吗?这样根本一点用处也没有。我越发觉得困惑难解。

这东西肯定非超艺术莫属……我的脑海里出现这个想法,竟莫名感动,我终于发现了超艺术。我兴奋到颤抖,但其实走到这一步并不容易。

我至今在神田美学校的考现学工作室里听过好几

次关于超艺术的主题讲座,也看过不少照片。并且曾到过知名物件之一——御茶水三乐医院无用门现场观察不下数次,我也以为自己应该很明白其中的原委。

但实际进行田野调查时,发现超艺术竟是如此不易。我原本就喜欢徒步四处闲逛,即使没有什么目的,也会在街上乱走,寻访街上奇怪的东西,应该很习惯这样的感觉才是。但我却无法肯定这和超艺术之间到底有什么不同。我至今没有什么发现成果,也因此曾萌发"自己大概不适合进入超艺术领域"这样的念头。

就在这样的状况下,我突然接到一通邀约电话,超艺术团体要在涩谷周边进行勘查,同时也当作考现学工作室的街头实习课程。由于我也是毕业生之一,故被邀请参加。刚好我没有什么特别要紧的事,也想要拍照记录大家探勘的模样,于是带着简单的8毫米相机以轻松的心情参加了。

然而在这次探勘结束的检讨会上,正是超艺术冠上"托马森"这个学名的日子,可谓超艺术史上值得纪念的一天。对我而言,这一天的探勘也别具意义。

探勘的成员包括赤濑川先生共有11位。从涩谷车站的西南方走到代官山一带,当时的领路人也是熟悉此区道路的S君(之后成为会长的铃木刚)。

他以饭后散步的悠闲速度走在大家的前面,一一嗅闻并分辨街上散发的气味，一边说着"往这里走吧！""那边很臭呢""啊，这边也有""这也很可疑"，一边把隐藏在街头的超艺术原石挖掘出来，一件件展示在我们面前。

我通过手上 8 毫米的相机看着超艺术的模样，一直盘踞在我眼前挥之不去的迷雾突然散开了，真不可思议，我好像突然掌握了发现超艺术的要诀。

这究竟该怎么说呢？就像在达到沸点之前、徐徐加热的温水中，突然丢进一片滚烫的砖瓦，让水立即达到沸点的感觉。

又或者在试着不用工具单靠眼睛来观察立体照片时，按照文字描述的方法，怎么都搞不清楚，但由有经验的人手把手教的话，要点马上了然于胸，一目了然。

总之，S 君不放过街头的一景一物，执着地一一检视，他向我指明了通往超艺术世界的近路和方法。

前面我描述的铁链和锁头捆住的铁棒，就是在这次探勘的不久后遇到的。之后我陆续发现了千驮谷的阿部定电线杆、代代木车站前的石笋形的爱宕物件、新富町一丁目的三重步道等，与这些新物件的邂逅都是在涩谷探勘后的事。

就像在保有眺望无限延伸的平行视线的瞬间，就能从两张相隔不远的平面照片突然穿梭进入了三次元的立体空间一样,在我获得观测超艺术的眼力之时,突然能够轻易地进入托马森的空间。

尽管如此,第一次的发现依然令人感到不安。如果可以被分类到现有的××类型里还算好。如果物件属于一个完全未知的结构体,到底能不能算是托马森,我实在没有什么自信,很多时候甚至会犹豫该不该报告。

此时的心情和彗星猎人(Comet Hunter)发现彗星的过程很相似。他们为了发现不知道会出现在天上何处的未知彗星,每天夜里都睁大眼睛盯着天空看。除了在接近太阳的那段时期外,几乎所有的彗星都看不到被称为扫帚的彗尾,只是一团模糊的云状光团。要发现这团充满"疑云"的天体,要先确认星图上没有相似的星体,即使真的很确定是新的彗星,依然会被怀疑"是否是星图上漏掉的微亮天体?""也有可能是亮度高的星球反射产生的金色光环?"在向天文台报告之前,似乎还是犹疑不定。

为保险起见,隔天再进行一次观测,确认该天体在星星之间移动的情况就行了。但有可能因天候等条件的影响,隔天观测不到,也有可能被其他观测者抢先一步……当然能越早确定越好。

但是,如果自己的报告是错的……这也是一大问题。因为一份不够严谨的报告，有可能让日本全国甚至是世界各地的天文台为之白忙一场。真的被确认为错误判断，之后这位观测家就不再受到业界的信赖，不久后甚至会沦落到被当成放羊的孩子的下场。

因此，彗星猎人在发现新彗星之时，在体验自己发现了迄今没有地球人发现的天体时的宇宙级感动之际，也怀抱着比此大上好几倍的不安，向天文台传送报告。

托马森的状况还不至于如此夸张，但发现了迄今为止不曾有过的物件时，这就是人类历史上最初的报告，发现人的心情应该与前者有如此这般的共通之处。

另一方面，抱着追求托马森的想法在街头散步，会遇到接近托马森的超次元物件的概率也就变大了。另外，街上还存在着许多不可思议的物件，乍看之下似乎尽到了功能性目的，却常常可以感受到制作者超出了功能性的、多余的精力。许多复杂又怪异的物件，让人不禁觉得：有必要做到这种地步吗？人们不由得感叹它的不可思议。

例如，加强超厚的车子，让人怀疑这么做车子不是会很容易被剐蹭吗？公共浴室的烟囱沿着隔壁住宅大厦的墙面不断延伸至屋顶，与《杰克和仙豆》里的排气用烟囱很像。

大楼屋顶上巨大的实物模型

此外，还有大楼屋顶上巨大的实物模型。企业为了宣传自家商品而做出巨大模型，比如六本木溜池十字路口小松制作所屋顶上的巨大推土车，京桥十字路口朝日油漆屋顶上巨大的刷子和油漆罐，或是神田锦町不二乳胶（Fuji Latex）总公司大楼顶上如中部三段紧缩保险套般的巨大霓虹灯塔。这些物件确实是很抽象啊……

其中最叹为观止的莫过于目黑车站附近的田村电机电话机制造公司屋顶上的巨大红色电话（遗憾的是最近刚被撤除）。坐镇在屋顶上的红色电话，除了圆形拨盘和话筒，十日元硬币的投入口和取出口，甚至"也可拨打市外电话"的字样，都完全按实物被放大。

这些巨大的物件，确实出色地达到了企业宣传的正当目的，并突破了使用性，制作者花费的心思和心力确实表露无遗，令人深为感动。

看着这些物件，我不由得升起一股超越是否是托马森这一问题的别样的共通情感。虽然我无法明确地说出是什么，当一层层剥去物件本身的实用性外衣时，根本处的相通结构就会显现吧。为了一窥这些被剥去实用外衣的躯体，托马森迷今天也会继续走上街头。

麻布谷町观察日记

饭村昭彦

在大半都是无人、宛如亡灵街的空地上,只有一座烟囱兀自耸立。这座巨大烟囱的周边,有一间像是堡垒的矮屋,自从这里被买断以来,散发出一股捍卫烟囱般的腾腾杀气。

麻布谷町位于国道二四六号从六本木往溜池的途中,旧名为六本木一丁目。现在,只剩首都高速公路谷町入口还沿用这个名字。

从江户时代就是町人居住的谷町,幸免于关东大地震以及战火的烧毁,为东京现存珍贵的长屋町。

森大厦株式会社早在1969年左右,就已将隔壁街町(榎坂)九成以上的土地收购完成了(森大厦是以东京港区为中心的大楼租赁业者,该公司所有的出租大楼都挂着绿色门牌,从新桥周边开始,目前多达60多栋)。

从那时起,谷町的居民开始搬离此处,任意弃置的荒废空屋显得很醒目。其中有两栋公寓作为森大厦的"员工宿舍";有一栋澡堂被卖掉,改建成停车场。居民不知不觉地减少,商店的客人也减少了。

1971年制定《都市再开发法》,东京都厅将谷町(六本木一丁目)、榎坂(赤坂一丁目)、灵南坂(灵南坂一丁目)等三町合并为赤坂六本木地区市街再开发地域,其面积为56000平方米。

赤濑川原平和托马森观测中心(当时是"美学校考现学工坊")的成员,偶然踏进这块洼地。1981年早春3月21日,赤濑川在《纯文学之素》中,记录下当时的模样:

> 简言之,在大半都是无人、宛如亡灵街的空地上,只有一座烟囱兀自耸立。这座巨大烟囱的周边,有一间像是堡垒的矮屋,自从这里被买断以来,散发出一股捍卫烟囱般的腾腾杀气。虽然屋内好像有人居住,但在正中央被巨大烟囱占领的矮屋内,在里面睡觉恐怕只能呈"C"字形抱着烟囱吧。(照片①)

大约一年半之后,美学校的友人长泽慎二来访,说:"我打算举办'超艺术托马森'的展览,可是还缺谷町烟囱的照片。"听完长泽的话,我就很想去看一看

麻布谷町观察日记 281

照片①:被巨大烟囱占领的矮屋
照片②:澡堂的烟囱,以及周边堡垒般的矮屋

谷町的烟囱，并且拍照。1983年2月，我和长泽组成"调查记录班"，决定去确认烟囱的状况并拍摄照片。

1983年2月某日

傍晚，终于发现引人注目的烟囱。赤濑川所描述的堡垒般矮屋，挂着"Y野キ奴"和"Y野キヌ"两个门牌。信箱内有报税单、老人手册等邮件，门是锁着的，感觉屋内无人。从周围残留的瓷砖来看，判定应该是澡堂的烟囱。（照片②）

我从各种角度拍摄一阵子，总觉凸显不出烟囱的高度和矗立在街町的凸出感。到底该从哪一个角度拍，才能确实表现出烟囱和街町的关系呢？我正在物色一处可以俯瞰的位置，突然看见烟囱上附有梯子，于是就爬了上去。

爬到约10米的高度我就累了，往下一看，才发现自己已经爬到一掉下去就必死无疑的高度。自己手中握着的梯子，很久无人使用，锈得相当厉害，这让我有点担心。不过中间部分好像还没受到腐蚀，我转念一想："反正不管从最高处掉下去，还是从这里掉下去，结果都一样。剩下的一半稍微谨慎点爬就是了。"从附近的高楼来推算，烟囱的高度大约是20米。（照

从附近的高楼推算,烟囱的高度大约是 20 米;近看可发现顶端风化得很严重

片③、④，长泽慎二拍摄）

烟囱顶端风化得很严重，水泥的小砾石浮起，有种粗糙的触觉。有梯子那边的烟囱稍微厚些，可能是为清扫烟囱时作业方便吧！内侧还有2—3毫米的煤灰附着，顶端附近的煤灰则已剥落。

我对这种陌生的视角感到兴奋，大概拍了半卷底片，虽然使用了广角镜头，却只能拍摄到烟囱口。因为暮色四合，时间已经不多，加上强风摇晃烟囱，只好期待下次再来拍摄了。（照片⑤，摄影参数 Nikon F2 24mm 1 : 2 Neopan F 1/60 f2）

3月某日

如预测的一样，今天是个无风无雨的晴天。我决定一个人去完成上次攀爬时考虑到的剪接摄影。

爬到顶端后，我坐在面向烟囱内侧的边缘约三十分钟，等待因高度产生的恐惧感以及身体僵硬的情况消退。靠近看才发现，梯子旁的避雷针好像是铜制的，腐蚀后拥有一种美丽的色彩。和邻近灵南坂教堂的铜板屋顶大约是同样颜色，不过避雷针上有像是煤渣的黑色斑点。

避雷针好像安装得不太牢固，可能是为方便保持平衡的缘故吧！我认为过度依靠它反而危险，所以还是不要抓着避雷针比较好。

我把拔掉中轴伸缩杆的捷信三脚架，拿来当单脚架使用，然后从背包中拿出相机安装妥当。相机为Nikon F2机身，装上从"花山租赁行"借来的16mm鱼眼镜头，使用TRI-X底片，快门速度为1/125—1/250，同时考虑到若将光圈缩为f11，焦点就可以直抵地面。

把安装在单脚架上的相机，设定为自动快门后举过头顶。因为要等到快门结束，调整姿势和表情非常费神，所以只拍摄了12张就结束了。结果，只有最后一张是比较满意的照片。（照片⑥）

鱼眼摄影结束后，整个人就轻松了，优哉游哉地坐在烟囱边缘，把相机镜头从鱼眼更换成200mm的长焦镜头，开心地眺望街町。除了午间休息的上班族边散步边踢开猫之外，街町上几乎空无一人。也看到好几个男人拿着文件在核对挂在门口的门牌。

8月某日

由赤濑川原平领队，举办托马森观测中心成员参加的烟囱写生大会。大家丝毫不畏惧蚊群和酷暑的夹

站在烟囱顶端,利用鱼眼镜头拍摄的景象

击，有人画素描，也有人画油画。（照片⑦）

8月某日到9月某日

其间，我曾走访谷町好几次，将已成废弃屋的房子模样及屋内的样子，还有已遭损坏的地方用照相机记录下来。

■屋内的雁木坂（烟囱一旁的石阶）上贴着三浦友和和山口百惠在灵南坂教堂举行婚礼的海报。（照片⑧）

■被丢弃在空地上的雪见障子，其玻璃上有剪纸。（照片⑨）

■墙壁有贴过照片的痕迹。（照片⑩）

■墙上还留有类似自行印刷的图片。屋内摆设以20世纪70年代初期的生活样态居多。（照片⑪）

■开始拆除的谷町屋群（这两张照片，因为不小心将底片放在牛仔裤口袋里拿去洗，才冲洗出如此奇妙的模样）。（照片⑫）

■当我问雁木坂上拆迁队的老伯伯可不可以拍照？对方回答："摆什么姿势比较好呢？"（照片⑬）

■森大厦株式会社的灯光照射在只剩一只小猫的巷内。（照片⑭）

八九月间,于谷町拍摄的照片

麻布谷町观察日记　289

9月某日

因为烟囱拆除的日子快到了，很想留下什么当作纪念，后来就想干脆把烟囱顶拓印下来吧。从3月拍摄的照片中，以我鞋子的实际尺寸推算，算出烟囱的外径约为70厘米，以此为依据就开始去寻找拓印用的纸。最后在鸠居堂买到适合湿拓法的中国画仙纸"宣纸"。因为进货少，两张宣纸竟然要价1400日元。墨汁方面，我打算事先磨好，装进瓶子里带上去。

这时，森大厦公司在白天开始戒备森严，我决定在夜间进行拓本采集。一旦要攻顶时，应该先考虑好作业程序，装备尽可能简便。

午夜零点，我到达烟囱下，尽快准备第三度攻顶。一到顶上，立刻用向友人坂口借来的安全带把自己固定在梯子顶端，再把背包挂在避雷针上就开始工作了。

那夜无月，全靠森大厦上正在加班的办公室透出来的灯光来观察和行动。只有在确认工作进度时，才使用手电筒。

因为是雨季，烟囱本身及空气中都充满湿气，气温也低，所以拓印干得很慢。把纸平铺在烟囱上，就没地方可坐，只能抓住梯子一直等着。

我判断不可能等到全干，决定拿着半干的拓本下来。为不把纸弄脏，真是伤透了脑筋。虽然烟囱的空洞部分弄破了，我也不想再重新拓印一次。（照片⑮，拓本实际测量：外径690mm、烟囱厚度110—120mm）

此后，我跑到停在附近的车内睡到天亮。

10月某日

确认烟囱消失。消失的时间，大概是13日下午4时。碎片也都被清除干净了，连一片都看不到（照片⑯，事后，经由一木努的采集确认了此事）。

这座烟囱和堡垒屋，和赤濑川原平最初的印象相反，好像是很久以前被森大厦卖掉的。听说是买了澡堂的Y野，拆掉改建成了停车场，只有烟囱和堡垒屋没有拆掉，又转卖给森大厦。

这座烟囱算不算是超艺术托马森呢？现在尚未做出结论。

12月某日

从教堂往石阶方向走，就会看到T女士。她好像是为了喂猫来的。因为总有一只黑猫和一只咖啡斑纹的猫会在那里。

工程持续进行，道路也铺好了。靠近赤坂公寓的新铺道路弯弯曲曲的，他们是从上面先把小巷的路面压碎，再穿过石阶中段上来的。

天气极佳，初冬的阳光洒落在向南的山丘上。逆光中，挖掘机就在石阶旁挖土，把挖下来的土倒到大货车上。比拆除房子显得安静。机械小心地操作，干爽的红土发出好像面粉般的声音。沥青的下方隐藏着如此漂亮的红土，真是令人惊讶！这般保存下来的土，却不断被默默地丢弃。实在是非常豪奢的光景。

T女士正在和工人讲些什么。现在想一想，我每次到谷町好像都会看见这个人。站在能够俯视整个谷町的高级公寓屋顶上等待日出时，从小巷的对面像黑点一样走过来的老太太就是T女士；周日当我在无人的麻布公寓内拍照时，她质问我："你到底在做什么？"

听说开美容院的T女士，最初是以非常低廉的价格，把屋子卖给森大厦。既然如此，为何T女士每天还都跑回这里呢？只是为了要喂猫吗？我之所以把喂食弃猫的人当成一回事，大概是希望把自己脑海里某处被"遗弃的街町"所牵绊的想法消除吧！

若是新大厦完工，猫也不见了，T女士又该如何呢？

烟囱顶端的拓印及确认烟囱消失

谷町的山谷,到处都是高楼大厦。过去的谷町,在大厦街完工之日,就被埋入地底下了

1984年8月某日

曾经被说是"高低起伏的地形妨碍开发,阻碍地区发展"的谷町山谷,已经到处都是高楼大厦了。过去的谷町,在大厦街完工之日,就被埋入地底下了。(照片⑰)

1986年2月某日

ARK·HILLS 和赤坂六本木地区开发计划,已进入尾声。1970 年的户数为 650 户,完工后将搬回新建住屋、成为再开发工会成员的户数有 47 户。至于这个再开发工会的理事长,正是森大厦的董事长森泰吉郎。

这一条大厦街,预定修建全日空的摩天饭店、摩天办公大楼、朝日电视台的摄影棚(地下)、三得利会馆、新灵南坂教堂、大厦两栋、旧居民的住屋等。(照片⑱)

高中女生制服观察

森　伸之

　　自己到底是以怎样的视线在看这些高中女生呢？仔细思索的结果，发现这不就像自己小时候对待鸟类和昆虫的态度吗？"鸟类""昆虫"和"高中女生制服"，其共通点可列举如下……

　　有个"高中女生是鸟类呢，还是昆虫呢"的问答题。虽说如此，先不说最近的高中女生如何大胆，她们也不致拍拍翅膀在空中四处飞翔，或以六只脚在地上爬行吧！这当然只是"比喻"。
　　总之，当我们凝视这群穿着制服的女生时的心情，应该说比较接近在凝视哪种生物呢？最近，我常在思考这些事情。如此一来，我好不容易才感觉出她们应该比较像鸟类……不，比较像昆虫吧！
　　世间一般人看到高中女生，根本不会从这个方向来思考。看到高中女生，觉得就是高中女生，这是比较普遍的现象。只要是穿着水手服或无袖连衣裙，就认定是"高中女生"，不曾有更深的追究。虽然不知是真是假，喜欢"水手服"的中年男人之类凝视高中女生时，有人说其视线也许有穿透水手服而对准"内在"的倾向吧！不过，这当然是个人的自由。

但是比起"内在"，高中女生的"外在"，也就是她们穿着的"制服"，所产生的问题也不少。此处所指并非像电视剧中出现的那种，只是单纯让人看起来像高中女生的那种"观念性制服"，因为如果仔细观察现实中那一件一件、具有不同色彩和设计的高中女生制服，将会为其多彩多姿而感到惊讶！因此，我们才会考虑将这些记录下来。为了观察她们的制服，我们每天在街上跑来跑去、不停地换搭电车、守在检票口、埋伏在校门口或混到补习班。不知道其他人的状况如何，至少我和我的两个朋友就这样度过了大学生活。然后，把收集来的东京都内大约150所私立高中制服的相关数据，以插图的方式重现，大概依形态、地区、校风等，分类集结出一本《东京高中女生制服图鉴》。

虽然，前后历经五年的观察活动暂告一段落，却很在意自己到底是以怎样的视线在看这些高中女生呢？仔细思索的结果，发现这不就像自己小时候对待鸟类和昆虫的态度吗？

"鸟类""昆虫"和"高中女生制服",其共通点可列举如下:

① 在身边,数量很多。

② 种类繁多。

③ 依季节,其色彩和图案不同者居多。

除此之外,群聚于觅食场也算是其特征吧!如同以树汁为目标的昆虫会聚集于树干般,现在全日本的快餐店,总有高中女生三五成群在喝可口可乐和玉米浓汤。还有因种类不同而有各自的习性,这一点也很像。有温驯的种类,也有喧闹聒噪的种类;有动作敏捷的种类,也有反应迟钝的种类。当然,就智能和外表上看也有各式各样的变异种。(讲到这里,就不光是制服,而成为内在的问题了。)

总之,如此一比较,观察"鸟类""昆虫"和"高中女生制服"时,其观察角度相当类似这一点应该是可以被接受的。

在此,我们回到了最初的问题——"所谓高中女生是鸟类呢,还是昆虫呢?"

我想,观察鸟类和昆虫,最大差异不就是"距离"吗?譬如:赏鸟的基本方法,是从远处用望远镜来眺望鸟类的动静。假如观察者距离缩短到某种程度,警戒心强的小鸟肯定会飞走。

反之，观察昆虫时，大多的情况是通过"采集"的形态来进行，其距离接近零。首先，将捕获的昆虫，依研究目的放进饲养箱，或以药剂杀死后制成标本。然后，使用放大镜或显微镜来观察。

那么，观察高中女生制服又如何呢？在此，先再次确认我们在观察制服之际的两大原则吧：①不跟高中女生搭讪、不碰触；②不拍摄照片。

首先来谈谈原则①。这和赏鸟时采取保持距离的方式极为相似。纵使不知道鸟的种类，也不可去询问鸟名，所以绝不可随意去询问校名。我们只依照学校指南所载的校徽、所在地、附近车站等信息来查出校服的种类。这种作业本身就具有高度游戏性。当然也绝不碰触。虽说有时为确认制服的材质和配件，直接碰触也很重要，但是若被误解为是想确认制服里的身体形状，就会变得麻烦。假如在电车内做出这种事，警戒心强的高中女生不但会"飞"走，还会造成骚动，也许在下一站观察者就会被抓进警察局。若被误认为色狼，又该如何辩解呢？因此可以说，观察高中女生时，保持距离才是正确的方法。

其次是原则②。这个不拍照的方针，并非从一开始就是一个铁律。当我们察觉到这个默契时，已经养成以自己的手拼命素描的习惯。这是从尚未打算出书

高中女生制服采集过程的草图（部分）

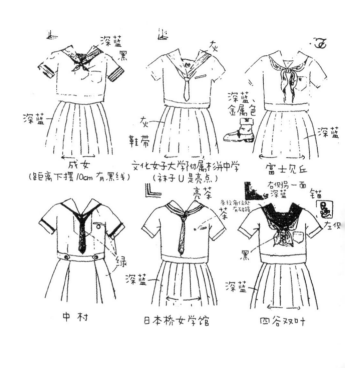

整理阶段的笔记（部分）（出自《东京高中女生制服图鉴》）

高中女生制服观察 303

传说中的纯白水手制服是英国人发明的

24 东京女学馆高中

[所在地] 涩谷区广尾 3—7—16

[交通] 国铁＝从涩谷・惠比寿
　　　　搭巴士至东京女学馆前下车

[学生人数] 988 名

Ⓐ♥♦

类似缎带做的
蓝色的领结是
注册商标

[解说] 说到制服的相关事宜，没有比名校集中的港区、涩谷区更有得说了。乍看之下，毫无任何奇特之处的水手制服，为何不断有粉丝出现呢？有所谓"因为有好多可爱女孩"的美貌说，也有所谓"因为有品位的女孩才会穿"的穿法得宜说。其他还有各式各样的说法，不过真相到底如何呢？

可以肯定的是，没有一个高中女生以她们身上所穿的学校制服感到自豪。所谓"我穿着高雅的水手制服"的自信和自负，只有呈现在她们的品位和容貌上，却也让制服显得特别出众啊！

裙子，
深蓝色、
相当短。

袜子，
毫无例外
都是这种长度。

绣有TJK的布包
有奶油色和
水色两种。
尺寸也有
大小两种。

出自《东京高中女生制服图鉴》，1985 年

东 京 都 内 报 考 率 第 一	
28 **富士见丘**高中	

[所在地] 涩谷区笹冢 3-19-9
[交通] 京王线 = 笹冢 3 分钟
[学生人数] 1938 名

E ♡

纯白水手服
只剩二年,
特急,去更换这么独特的
制服有必要吗?

明朗的
灰色格子

[解说] 从 1985 年起更改制服样式。以新样式的圆领衬衫搭配细蓝线条的小格子裙,替代纯白领子、深蓝领结,也就是大家所熟悉的水手服。这是现在最受欢迎的、所谓"圣心学院式"的制服。看起来设计得不错,一年级学生也很满意的样子,不过坦白说,我对这种变革无法接受。讲直白些,就是晚了三年。目前,这种样式确实很流行,可是制服完全更替是在二年级,那时候恐怕已经失去新鲜感了吧!事实上,连现在都感觉不出更换制服所带来的荣耀和喜悦。不过,假如每三年更换一次制服的话,那就另当别论了。

出自《东京高中女生制服图鉴》,1985 年

之时就有的做法，从要出书而共同作业以来也持续以这种方式记录。说起来之所以想尽快把高中女生制服画下来，也是包含强烈的游戏的因素吧！

当时要去素描制服这件事，我们都称之为"制服采集"。虽然，那时只是随口说说而已，如今想起来却和挥舞着捕虫网、采集昆虫时的心情一样。我们经常都是和高中女生保持一定的距离，同时动作敏捷地捕获她们身上制服的相关信息后，慎重地带回家。

然后，把那些零零碎碎的信息，以自己的记忆和印象作为黏着剂，再以插图的方式重建起来。换一种说法，就是"采集"制服上的客观信息，注入自己记忆和印象的主观"防腐剂"，把"标本"永久保存在肯特纸上。如此一思考，从制服素描到插图完成的过程，完全就和"采集昆虫→制成标本"的过程一模一样。

最后，就是高中女生对自己而言，到底是"鸟类"还是"昆虫"这个问题了。答案大概是——在调查校名、观察行为的阶段，其做法和赏鸟相近，所以把高中女生当"鸟类"看待。到了以素描的方式画插图的阶段，就像采集昆虫和制成标本，于是把高中女生当成"昆虫"看待。在我的意识中，高中女生有时是小鸟，有时是昆虫。我想也许有人听到这种说法必定大怒，但也没办法。以前，东京都内制服业者工会所发布的新闻，提到"无视高中女生的人格，将之想象为昆虫和鸟类，以独断和偏见来观察之"，也曾遭受严厉的批评。但是，我们的问题并非"内在"而是"外在"，所以只能将人格之类的言论暂且搁下吧！

世上既有喜欢"穿制服的高中女生"，也有喜欢"高中女生穿的制服"，总之就是这种问题！

龙土町建筑侦探团内部文件

堀　勇良

《建筑侦探学入门》一书记载："无论怎样无趣的地方，也不要忘记拍摄全景照片，拍摄照片非常重要。为避免漏掉烟囱或地基，应该从原本站立处再后退一步拍摄。"

团 歌

大约十几年前，在《天才傻瓜》(「天才バカボン」)里，赤冢不二夫把那些怪诞歌谣最精彩处全拼凑在一起，写出那种奇妙的歌词，不知您还记得吗？虽然歌名都忘记了，不过却被美川宪一的《给我钱》所引用。其实，这首歌是我们龙土町建筑侦探团的所谓团歌。那大约是森田一义开始走红的时候吧！赤冢不二夫→森田→泷大作，这么一来就和明治时代的建筑师——泷大吉

（泷大吉：请参照拙稿《豪壮一生的奇杰泷大吉》，近江荣、藤森照信编《近代日本的异色建筑师》，朝日选书，昭和五十九年。泷廉太郎为其表兄弟，大作为大吉的直系子孙。）联结在一起了。不过，我们倒也不是当真边哼着团歌边出征。总而言之，这就是侦探团笔记的封底背面会有赤冢不二夫作词的演歌歌词的原因。

团规

让我顺便来说一下，侦探团笔记的封面背面应该是写着："一屋一张全景照片！"（此句出处当然就是赤濑川原平的"一屋一张零日元纸钞！"）这是建筑侦探拍摄证据照片的铁律，在《建筑侦探学入门》一书中也记载："无论怎样无趣的地方，也不要忘记拍摄全景照片，拍摄照片非常重要。为避免漏掉烟囱或地基，应该从原本站立处再后退一步拍摄。"首先压抑兴奋的心情，想办法收录全景，赶紧从自己设定的位置向前走吧！此时纵使被喝斥"你是谁"而落荒而逃，全景照片也已经到手了。事后，全景照片必须得和文献资料比对，如此一来，就可以知道有几栋建筑物的面貌已经发生改变。随后确认楼层和窗户数，整修后的形态改变也骗不过侦探团的眼睛。反正无论如何，就是要:"一屋一张全景照片!"

团章

龙土町建筑侦探团的标志,大家都说是"拱门"。建筑侦探团曾经到处探寻拱门,有拱门的建筑物,属于昭和初期之前,这点应该不会错。我们团章的出处,为分离派泷泽真弓的"公馆"(1924年作品,收录于《分离派建筑会作品第三》一书)的窗户,那是大正时期特有的蛋形拱门微微修改后的产物。

团员

龙土町建筑侦探团的组成成员,老板是村松贞次郎,团员有藤森照信和堀勇良二名,团址在东京都港区六本木7-22-1,东京大学生产技术研究所村松研究室。之后加入的团员,还有小林景子、中山信二、松鹈秀也、时野谷茂、堀江章彦、崔康勋等。有关建筑侦探团如何在全国各地开展活动,请参照藤森照信所著《建筑侦探团始末记》(收录于东京建筑侦探团:《近代建筑指南·关东篇》,鹿岛出版社,1982年)。下文将藤森照信和堀勇良分别以符号几和丫代替。

组团纪念日

虽然众说纷纭,我采用昭和四十九年(1974)1月5日的说法。那天是新年聚会,在年初首次参拜神社的归途中,我们路过明治神宫本殿,有人提议说要去探索明治神宫宝物殿(设计者大江新太郎,设计时间为1921年)。那时的纪念照应该就是建筑侦探记录的第一张照片。

回溯一下往事,组团之初大概都是找寻诸如龙土町周边、国分寺的𠆢宅附近、往来龙土町和国分寺之间上学道路沿线所看到的洋楼等触手可及的地点。在侦探团笔记中,有所谓的教养课程,列出目前可供探索的地点。除了银座、日本桥、兜町、上野等近代建筑的集中地,以及麻布、长者丸、田园调布等住宅区之外,还有濑田的诚之堂或调布的京王阁等单体建筑。

依当时𠆢所归纳的拟洋风论(村松贞次郎编:《明治的洋风建筑》,至文堂,1974年1月,《近代美术》第20号),我们对于明治时期的建筑研究强度很高,而大正、昭和时期的建筑似乎还无人涉猎,我们为拔得头筹,自是奋不顾身加入竞争行列。当时我们的侦探热情十分高昂,就这样找啊找啊,没有周日、没有假日,单身汉的丫也就算了，几还要照看自己刚出生的孩子，他的家庭到底如何呢？虽然是人家的事，我却也不免为他担心。看着每天晚上带着几卷底片回来的我们，老板村松老大和掌管财务的中川宇妻女史惊讶地说道："这些家伙到底在做什么？"经费的去向引起了质疑，老板终于要亲自出马了。我们问他前往浅草一带如何呢？带着他到处跑的结果，不可思议竟然走到驹形泥鳅料理店的门帘前。

如此折腾当中，我们醒悟到应该锁定一定的区域来寻找目标，所以就开始进行地毯式的调查了。首先，有一半就锁定在宫城的千代田区，这就是"我们建筑侦探团"的正式出征。时间是几读东京大学研究所博士课程一年级、丫从同校硕士课程一年级升二年级的那一年春天。

侦探心得

有关这个主题，请参阅《建筑侦探学入门》（杂志 *Space Modulator* 第 47 号，1976 年 5 月，日本板硝子）吧！这应该是最初对外自称"建筑侦探团"的开始。侦探心得就以这本入门书说得最好，听说大阪"堺之明治建筑研究会"的柴田正己先生完全依照这本入门书身体力行，却指出这本书未记载被看门狗追赶时应采取何种对策。其实，我们侦探团也曾经在侵入岩崎家的静嘉堂文库时，意外撞见管理员和看门狗。电光石火间的决定就是赶快逃到栅栏外面去——当然，全景照片已拍摄完成——虽然我们曾有那种经验，却没特别在入门书中提及，因为我们两人对如何对付狗都很有自信。

三种神器

其一为"调查笔记"。

本团有一本侦探团笔记，这在上文已屡次提及。是因为组团当时并未以"建筑侦探团"名义对外公开呢，还是因为残留着学究心态呢，现在已经不得而知。这本所谓"大昭建筑调查笔记"，是一本到处都看得到的大学笔记本，也是一本除了书写着团章、团规、团歌之外，还有罗列必要教养课程和主要建筑师作品列表的一本预习簿。虽然已经写到 No.3，不过不知是幸运还是不幸，具有纪念意义的 No.1，目前却找不到了。

当时作战完毕，一到黄昏就到咖啡馆呆坐——寻找适合侦探团的店是另一件苦差事——边啜咖啡边记下当天的调查笔记。"那建筑物的设计者是〇〇吧！""不，看起来更接近××的风格。"如此边谈边打赌，赌注就是一杯咖啡的费用。因为常有这样的讨论，不知不觉中就能够分辨出设计者了。

其二为"图书读本"和"建筑书捕物控"。

下雨天，侦探工作就暂息。不过，侦探团并未休息，而是到图书馆搜寻文献数据。首先就是相偕前往国立国会图书馆。从图书编目中的建筑、住宅类目下随意抽选，依手气来申请借书。曾过目的书籍就打上L（Look）的记号，有用处的文献就印上Good。如果发现曾经侦探过的建筑物就影印出来，用来和"一屋一张全景照片"比对。比对之下，"那建筑物的设计者果然就是××"，咖啡的出资者就此决定了。"图书读本"可以说是我们妄图通览所有建筑文献的预告笔记。

前往图书馆的同时，逛旧书店、旧书展也不能不提及。当时是《武田博士建筑作品集》之类的书籍只要两百日元就可以到手的时代。原本只在书架上排一层的书籍，不知什么时候已经占满本部整间研究室时，说不定连神保町的纸价也会高涨吧！我们侦探团淘旧书的实况，在几所著的《年纪轻轻该做什么事？搜寻建筑珍本书》（《别册 capsule·建筑指南 1000》，1984 年）一书中有详细记载。

昭和五十年（1975）4 月，Y 因留级以致奖学金被取消。老板可能看不下去吧！每个月从钱包中抽出一万日元充当我购买旧书的费用。"建筑书捕物控",就是为了向资助者作报告才开始的记录笔记。老板虽然拿出钱却不想讲出口,在我写到第三本时,书名突然就变身为"近代建筑文库目录"了。

其三为"听问记"。

除了到处搜寻建筑物、淘建筑书,接下来就是到墓前祭拜。龙土町本部的背后,就是青山墓园,泷大吉长眠于此。墓前祭拜是寻找建筑师遗族的第一步。遗族的住所录就是"听问记"笔记。原本的目标是整理老人家的口述历史,但是我们去得都太晚了,大部分都只有遇到遗族而无缘见到本尊。这本笔记别名是"白鸟党"笔记。和建筑师家属取得联系的就加上白鸟印,有时难免因为不谨慎,或一时大意而被其他研究者捷足先登,这样的建筑师就加上骷髅印。白鸟党的成果就是把《日本的建筑·明治大正昭和》全十卷灵活运用,若有兴趣请自行参照。

以上"三种神器",当然和几所订定的日本近代建筑史研究三大计划:①尽览现存近代建筑、②通览建筑古书、③试图收集保存设计图等原始数据,一一对应。

广告牌建筑之发现

龙土町建筑侦探团最大的学术贡献,就是发现"广告牌建筑"。发现地为神田神保町。首先,来翻阅几的学术论文《有关广告牌建筑的概念》(《日本建筑学会大会学术演讲梗概集》,1975 年 10 月)。

> ……从昭和三年(1928)起,关东大地震灾后重建工作正式开始进行,政府确立以正面具有独特西洋风格的都市居住格局,代替昔日的町屋形式。那是一种在邻栋计划、平面计划、构造技术等方面,基本上都沿袭先前的町屋,但在建筑物的正面却迥然不同的建筑形式。换句话说,也就是像在建筑本体的前方立了一道屏风,而这道屏风可以像画布般尝试各种造型。因为这种建筑物正面有如广告牌,所以称之为广告牌建筑。

"各种造型"当中,以铜板做成的青海波、麻叶、龟甲等江户小纹的广告牌建筑受到相当高的评价。虽然广告牌建筑的称呼是丫想出来的,当然也是在和几喝茶聊天中确立的。丫原本把青绿色的铜板误以为是涂了油漆的白铁皮,真是太丢脸了。练马区关町出生的Ｙ，早就看惯附近贴着白铁皮的广告牌建筑，万万没想到从神保町走到荻洼一带的元祖广告牌建筑，铜板竟然被白铁皮所替代。就这样，出生在不使用白铁皮的诹访的几取得了胜利。

上信越远征

和习志野团——日本大学生产工学部山口广研究室——联合出击的上信越建筑探访，也是令人怀念的回忆。其中有"浪华商人出身的上方武者"清水庆一、"浪人出身的阪东武者"高桥喜重郎，一行四人。总之，预算不够，四人要在四天三夜内赶着跑完群马、新潟、长野三县，投宿点就定在高崎、新潟、松元等三处。从上野搭乘快车，每到一站，就有一个人下车。一个城市两三个小时，每个人一天要跑两三个城市，最后好不容易才赶到投宿地。限于时间，我们秉持着"最小的努力获取最大的效果"的宗旨，一下车，就得先找车站前的地图。以银行街和市政府为目标，去探索其周边，大致上就不会错。但是，如果抵达的市政府是新开发地区，那就很悲惨了。当然也常碰到没有地图的车站，不过却能感受到好像有什么在呼唤我们。碰到比较落后的城町虽是无可奈何，倒也没有任何重大缺失。上信越远征算是顺利完成。

土木探险队

昭和五十四年（1979）2月起，在科学杂志《自然》（冈部昭彦主编）连载《建筑系谱——明治大正昭和》（隔月），由增田彰久担任摄影，由老板、几、丫三人共同负责解说。第一回由丫负责，打头阵的主题为"仓库"。那时刚好村松研究室正在实地调查测量横滨新港埠头红砖仓库。我们的方法是依照主题来解说，原本订出"图书馆"之类的老套题目，第一回为让人耳目一新，又要切合科学杂志的宗旨，就打出"气象台""天文台"等主题，后来渐渐就脱离"建筑系谱"，往"烟囱""火警瞭望台""发射铁塔""窑"上走，然后进入"灯塔""发电所""闸门""隧道""水坝""船坞"等土木领域，连载时间长达三年。号称建筑系谱却进入土木领域，听说土木学会曾抱怨"岂有此理"。其实，我们侦探团受到老板的影响，对土木领域原本就具有强烈兴趣。丫在进入村松研究室那一年的夏季集训，曾做过兵库县生野的铸铁桥的实地测量调查（《神子畑铸铁桥调查报告》收录于1974年3月《J·S·S·C》）。无论如何，以这次连载为契机，我们侦探团也走进土木探险领域了。

近代建筑当中，明治十年（1877）以前残留的旧建筑物大约都可以查出所在，百岁高龄的土木建筑仍然随处可以发现。有一次，我们去勘查明治年间雇用荷兰人指导而建设的防砂堤，建筑侦探所必备的分区地图完全派不上用场，因为土木所用的地图是五万分之一。车子开到已无路之处，然后沿溪谷攀爬了一个小时，好不容易才隐约看到石造的堤坝，接下来还有漫漫长路。不知谁嘟囔一句："找土木建筑物，根本不能称为侦探而是探险。"大家一致同意这种说法，"土木探险队"于焉诞生。

后援团

我们和建筑摄影家增田彰久先生的交往，可以追溯到组团之前。"照相机要放在水平处！从正前方拍摄！"——这是他给我们的箴言，与其说他是后援团，毋宁说是我们的师父。

碎片收藏家一木努先生也是老朋友。换句话，也可以说是第一代后援团团长。最近，他才举办一个空前绝后的"碎片收藏展"（1985年12月4日—1986年2月23日INAX艺廊所举办"建筑物的纪念品——一木努收藏展"）。接下来，还有《建筑速写之旅——西洋馆漫步》（1984年，鹿岛出版会刊)的田中熏先生,另外还有风景明信片老伯伯、都市研究会(都市研究会刊《从风景明信片看日本近代都市之变迁——街道"明治大正昭和"》,1980年)的尾形光彦先生。

近年来,后援团的成员已经扩展到建筑领域之外,有输送管老板大槻贞一先生(日本钢管"输送管博物馆"负责人),下水道史发掘者照井仁先生(日本下水道协会《下水道史》编撰者),井盖研究者林丈二先生(《井盖·日本篇》,科学人社,1984年),瓷砖、砖头砌墙业大佬,也是收藏家的鬼头日出雄先生(《日本的红砖》,横滨开港数据馆,1985年)以及砖头青年水野信太郎先生等,真是热闹非凡。依市井坊间的传闻,我们的后援团就连鸡鸣狗盗之徒也名列其中。

现在的建筑侦探团

建筑侦探团于昭和五十五年(1980)3月,出版《日本近代建筑总览》(日本建筑学会编),算是结束阶段性任务。那么现在的建筑侦探团,到底如何呢?

龙土町侦探团老板,担任"近代和风"建筑探查总管已经很久了。曾经短暂走烟囱、火警瞭望台、风车等有声有色的大众化路线,他毅然决然宣称要在当下读完《日本近代建筑总览》——也就是俗称的建筑黄门全国漫游——听说最后只剩下两个县而已。另外,Y将龙土町变更为横滨,因为觉得"侦探团"(宍戶实先生命名)这名称很俗气,所以改成横写文字Yokohama Seekers' Club,虽然大家依旧致力于土木探险队调查事业,也还保有我们30多岁时的干劲儿,体力上却渐渐变得力不从心。新一代的建筑少年侦探团哟,到底在何处啊?老伯伯们正在等着你。

四 观察之眼

以博物学为父
给路上观察学的进化史论述

荒俣 宏

> 不过,原本是纯粹野生的自然物,却不一定和人类文明对决。自然当中,有动物生活的场所,如果把都市当成所谓人类这种生物居住处来考虑……

有关路上观察学和博物学的系统学研究——特别是基于眼球特殊性的分类

真实存在于世界上的,不是定义而是实例。

一开始就写出这种好像很有道理的格言,因为我想让读者明白,博物学大致有如下述情形存在,也就是说——罹患近视眼的博物学家比较优秀,私生活悲惨的博物学家比较优秀。

在此,就先来罗列格言中所教导的实例吧!首先是卢梭（Jean-Jacques Rousseau，1712—1778）。他与一位薄命的妻子泰蕾丝为伴，虽然每天都在被害妄想症和自我反省当中度过，却热衷于植物学。提到卢梭的浪漫主义，并非浩瀚的宇宙、梦想、山川之类，而是开放在乡野间的小花。为什么呢？因为他的近视非常严重，路边野花之外的"浪漫景色"，纵使以双筒望远镜来窥视，也根本看不清楚。

其次谈的是后来经由我们伟大的前辈种村季弘氏的介绍，以打油诗风靡日本国内的爱德华·利尔（Edward Lear，1812—1888），他的情形又是如何呢？因为他要养育多达二十几个子女，所谓"多子＝贫穷之家"啊，所以大概从年轻时候就不得不为增加收入而四处奔波。当他还是十几岁的少年时，就以拥有绘画才能而成为博物画的画师。利尔所描绘的鹦鹉和鸽子等博物画，至今仍为收藏家垂涎的目标。由于他过度从事细密画工作，不到30岁，视力已经恶化到"无法描绘比鸵鸟还小的鸟"的程度了。

另外，18世纪后半叶在巴黎独领风骚的博物学者邦纳（Charles Bonnet，1720—1793），夜以继日使用显微镜的结果，是在仅仅25岁时，不但前排牙齿全掉光，也成为一个形同失明的"用尽眼力之男"，除了悲惨，还能说什么？在此之前，邦纳观察蚜虫、确定所谓孤雌生殖现象的存在，亲眼观察出现于显微镜下无数不可思议的微生物，为史上有名的"预成说"和"存在连锁说"，提出有力的科学证据，说起来真是一位视觉型人物。但是，他在 25 岁的晚年（！），不得不成为一位只能以蒙眬的眼睛来凝视大自然的观察者。

我再举一位博物学史上的大人物吧！那就是 16 世纪文艺复兴的百科全书之人——格斯纳（Konrad Gesner, 1516—1565）。瑞士人格斯纳娶了一名恶妻，以致抱憾终身，真是闻者落泪啊！首先，悲惨的私生活已符合博物学者的要件，其在博物学的成就也是非常惊人的。格斯纳所编纂的，不仅是有关植物或动物的知识和文献书志而已。他的成名作《动物史》和《植物史》，只是其贡献的一小部分，根本就是九牛一毛而已。格斯纳在攀登瑞士诸山，以满足对博物学的关心之余，将所有与拉丁语、希腊语、希伯来语文献的著作者相关的资料归纳为《文献·百科全书》，同时罗列当时一切知识的出处，编成分类索引《潘德克顿·百科全书》；甚至试着将世界语言中相似之处以序文的方式联结成为《米特里达斯》（*Mithridates*）等。格斯纳长期孜孜不倦于那些出人意料的文献书志的编纂。

光是集中精神持续做这些工作，视力当然会下降啊！

博物学者格斯纳,最令人感动之处在于他对植物的研究。他并非只研究植物的整体,更注意局部性,并且持续不断加以记录。例如他认为一般人都喜欢去比较植物的叶子,其实比较花朵和种子更可以得到有趣的见解。因此,格斯纳对于当时在欧洲刚流行的郁金香很感兴趣,为研究郁金香的类缘关系,希望能够取得种子,四处订购"郁金香的果实"。虽然郁金香不可能有果实,格斯纳却因这股热情,让自己的姓名成功留在郁金香中——原种郁金香的学名正是"Tulipa gesneriana"。

纵使不谈这些闲话,从格斯纳留下的无数的写生图中,也可立刻明白,他对植物观察所付出的可怕热情。当时的写生图大抵都是毫无条理的,但是在他的指导下所制作的植物图,其细部之精密却是卓尔不群。不过,让人忍不住赞叹格斯纳图版"太厉害!竟然可以把植物细部描绘到这种地步"的秘密,恐怕就是他的重度近视吧!换言之,他那扭曲的眼球,只能越靠近对象物才越能够看得清楚。

格斯纳在博物学生涯中,充满对极致的追求。以他为首的博物学者们,过着悲惨的日常生活,除了被当成"书虫"外,还有一个大为不同的奇特习性。那就是他们在观看事物时,两眼睁得大大的,就好像要把对象吃下去一般,那可以说是他们最贪婪的一个入口。此外,那些"书虫"们的眼睛,想吞噬的不是掉落在原野上的石子、小虫或花草,而是满布在白纸上的铅字,以令人毛骨悚然的细嚼慢咽为其特色。若说博物学者的近视眼,宛如为吞噬坚硬的事物而张大嘴巴的爬虫类;而吞噬铅字的近视眼,则让人联想到吸食母乳的幼兽嘴巴,吸得又专心又用力。

在此,还有一种将眼睛当嘴巴灵巧运用的生物。那就是以今和次郎、吉田谦吉为嚆矢的考现学,或称考现学者。从他们的血统看来,在外头到处徘徊、睁大眼睛四处观看的本性,应该属于博物学者的系统,从饮食习惯来看却有些相异点。那就是考现学者不爱吃自然物,专门吃人工物,因为都会正是他们的生活场域。

不过,依照博物学者的说法,这个都会派的变种,是一个如同蟑螂、沟鼠般向外适应、扩散的群组。

博物学者的眼球构造

凝神屏息大口吞食自然界一切事物的博物学者的眼球,到底是何种构造呢?若是深入研究这问题,或许也可间接解释和考现学观点相关的几个秘密。

第一,取名为博物学的好奇体系的原本意义就是"非问不可"。在这种情形下,日语的"博物学"这个

流行于文艺复兴时期的自然珍奇标本陈列室之一例。出自莱文·文森特,《自然惊异博物志》,1706 年

以博物学为父 333

名称，不仅很容易招来误解，也会失去问题的本质。总之，就是这个名称并不好。因为博物学的真正意义，和现代的所谓"学"并不具任何关系。整体而言，比较接近所谓杂学的"学"。因此，首先应以这个用语来和西欧派的称法互相参照，才会有更多的成果。

所谓博物学，在西欧通称为"自然史"或"自然志"。拉丁语为 *historia naturalis*，法语为 histoire naturelle，英语则为 natural history。为何博物学被认为是"自然的历史"或"自然的故事"呢？

关于命名的由来，其实就很有西人风格。换言之，虽然在说明万物的现况，却也追着时间打算弄清楚其变迁。若拿一个人的历史来当例子，就是从出生到现在的经历。因为这是历史，同时也是传记——或说是故事，一般所谓 history 就是兼具历史和故事的用语。

在 history 的概念中加入考现学的意义，正是博物学之父——亚里士多德的想法。他在那本著名的《动物志》中，将 history 定义为"记述体验和观察的成果"。而且唯有自然史将 history 的意义限定为"观察和记述之学"。

接下来，natural 当然是表示"自然"的用语。所谓自然，表示形成世界或"世间"的物质要素，具体内容即为水、空气、土、火等。因此"自然"具有"本质"的意味，差不多就是具有空气、水、土、火等性质的元素。更进一步说，这些元素化为物质界中、眼睛看得到的具体事物，例如：山、川、动物等，即为希腊语的 physica。现在这个用语已成为"物理学"之意，但原本的意思其实涵括了自然物及其现象（自然学）。

所谓物质界，可二分为包含宇宙的用语 cosmos 和以地球为中心的用语 mundus。cosmos 为希腊语，原本具有"修饰"之意。修饰任何事物时，样式为必要之条件，样式中的规则和秩序则不可或缺。公元前 6 世纪，希腊数学家兼神秘学家毕达哥拉斯（Pythagoras，公元前 582—前 496）说，井然有序运转的宇宙才能称为 cosmos。亚里士多德接受这种说法，将 cosmos 分割为月下界（地球）和月上界。

这个 cosmos 在拉丁文化圈翻译出来时，变化为 mundus 一语。拉丁语的 *mundus* 也有"修饰"的意思。最早以这个单字来指称宇宙的人，为罗马诗人恩尼乌斯（Quintus Ennius，公元前 239—前 169）。这种表现方式传到伊特鲁里亚（Etruria），成为意味着属于"天"的那半球的"反面"（换言之，就是属于"地"的那半球，也就是地球），不久 mundus 就成为表示地球的用语。

对于语源的探索就此打住，重点在于表示"现世"的用语都具有"修饰"的原意。所谓修饰，是文（纹理、文饰）的意思，也像"文字"所表现的，意为通过观看而获得的世界。

在这世界上，若有诗的视线和科学（散文）的视线的话，natural history 肯定包含于前者。为什么呢？因为所谓诗的视线就是"依照所见去记述看见的事物"，换言之，就是观察和记述的别称。相对于此，所谓科学的视线，不外就是"记述所看见事物中，看不见原理的抽象性概念体系"。总之，科学的视线就是不能只注视事物的具体个案而已。近年来，不断叫喊"理性！理性！"的精神活动的内涵即是如此。

顺便说一下，为何在日本会将 natural history 翻译成博物学呢？这是依据中国百科事典的综合学名词翻译而来。原来如此！若是从所有事物都罗列成目录的构思看来，natural history 的翻译还挺相称的。

博物学眼球成果最为丰硕的时代，当然就属 18 世纪。在这时期，林奈（Carl von Linné, 1707—1778）、布封（Georges-Louis Leclerc, Comte de Buffon, 1707—1788）、拉马克（Jean-Baptiste Pierre Antoine de Monet, Chevalier de Lamarck, 1744—1829）、邦纳（Charles Bonnet, 1720—1793）、班克斯（Sir Joseph Banks, 1st Baronet, 1743—1820）等著名学者全登场了。然后，宛如协商过一般，以"知觉"作为博物学的方法论，其中最极端者就是邦纳。他原本就厌

恶"观念",以"无论如何操作抽象性思索,也只能产生如同假议题般的哲学思想"为信念,和当时一般潮流相切割。能够确实告诉我们事实的只有观察——换言之,就是看。除此之外,以其他方法得来的知识都是无稽之谈。现在,一般都把《圣经》中所说圣母玛丽亚处女怀孕当成"奇迹"的代名词,但是只要观察一下昆虫界,就会发现单性生殖的种类多到不胜枚举。换言之,处女怀孕根本不是什么奇迹。邦纳如此主张,并下结论说只有观察才是生物至高的幸福。直到晚年他还提出如下的理论:从观察获得的知觉和保存此刺激意象的神经结合,即为聪明才智的源头。依据他的说法,所谓知识就像生物所吃的食物会自然形成肉体,知觉不过就是"吃下去"的神经"同化"成为"以刺激为名的养分"。因此,眼睛必得正确地把"光景"吃下去。另外,邦纳还说以大脑来思考或思索,就如同以"断食"来减肥,消费知识等同于让感觉瘦弱的自虐行为。因而,教育绝不可像同时代的卢梭所说,顺从孩子自由思考和兴趣的放任主义是最好的方法,而应该好好利用知觉的反射机能来背诵,使知识镶入神经才是重点。哇!现代日本妈妈的教育理念,原来是伟大邦纳的忠实继承者。

　　无论如何,厌恶所谓思考的知性活动,把"知的

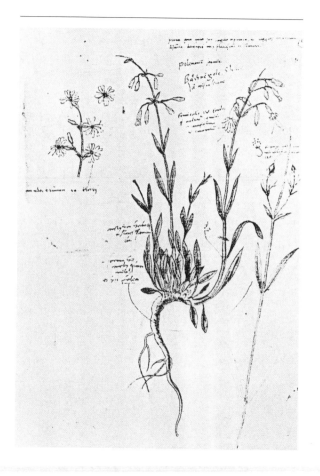

格斯纳的博物图例·草药植物画

格纳斯为磨炼自己将肉眼所见之物,忠实重现的技术,留下许多亲手创作的写生画。上方的图片为描绘草药的植物画(1565年),对于细部形态有极为详尽的描绘,并附有笔记说明

Salamander, real and imaginary, Gesner, 1554.

格斯纳的博物图例·山椒鱼动物画

山椒鱼的动物画（1554年），是他指示画师所描绘的木版画，上方为实物的写生画，下方为从记述山椒鱼的旧书中所摹写出来、加入了过多想象的图像。虽然格斯纳知道这张图对于实物有过多的歪曲，不过从这种图像中，所谓"肉眼观察"的面貌跃然而出，无论如何稚拙的旧图，依然"一如所见"地复写，这就是博物学的使命

本质"下降到和"饮食"同等水平的勇敢博物学者,对他们而言,最大的幸福就是把自己的理念深深扎根于现代的昆虫采集少年和考现学追随者的深层意识中,这应该是不争的事实吧!因此,与其追求神经的知觉机能,更想去追求外部知觉机能上的知性刺激者的源流于焉成立。

纯粹的好奇心

接着,我们从侧面来看博物学者的私生活,譬如贝恩德·海因里希(Bernd Heinrich,1940—)这位昆虫学者,他的《柳兰花盛开的野外》(渡边政隆翻译,动物社)的现场笔记就非常有趣。海因里希曾在波兰大农场度过幼年时期,"二战"时离开故乡,跟着业余动物学家的父亲越过威廉皇帝运河,逃到哈汉迪的自然丛林。他们一家在此居住了五年,那才是真正"和自然融为一体"的生活,到底有怎样的命运在等待这一个博物学者的家族呢?

原来如此!因为海因里希家的共同兴趣就是博物学,亡命的波兰人陷入没工作、没住所的困境时,就出现了以下的"优势"——"捕捉到的动物,除了可供食用的肉外,还有其他用途。譬如,我们收集寄生在

邦纳《有关丝绸的生产技术之论考》(1622年)。这个时代的博物学者受《圣经》中的叙述影响,将昆虫的脸部画成恶魔的形象

哺乳类身上的跳蚤,卖给在伦敦的跳蚤专家米利安·罗斯柴尔德博士。哺乳动物种类不同,寄生虫的种类就不一样。虽然卖跳蚤所得并没有多少钱,对我们家而言却是很重要的小钱。"

但是,除了卖跳蚤谋生是博物学者的智慧外,遭逢战争苦难的这一家人,对博物学领域最大的贡献,没别的,就是"消遣"吧。

譬如幼年时的海因里希,担负采摘一家人唯一的粮食——木莓的重大任务,因而整天在山中做这件单调的工作。木莓上偶尔会有胖嘟嘟的毛毛虫，不久就会结成茧，然后孵化出蛾来。他觉得很有趣，不知不觉中就把采木莓降格为采集毛毛虫的"副业"。此外，相较于捕捉"美食"老鼠，少年的他更着迷于为捕捉老鼠而制作的以甲虫为饵的陷阱，于是开始热衷于采集甲虫。据说九岁时的他，在父亲赠送的生日卡背面写着"已经采集135种，447只甲虫"，真是令人钦佩。这不得不让人思考所谓生活艰苦，到底是什么？

博物学特有的源头性魔力的本质，竟然出人意料地显露在这个极端的事例当中！无论是狩猎还是农耕，纵使正在进行和维持自身生命有关的重要作业时，却会出现那种猛然去注意旁骛的力量。问题在于这种咒语的咒缚力确实存在。

有关博物学者的性情，日本也有实例。当然那种丝毫不必担心生活的华族和富豪另当别论，当我们追溯一般人在激荡时期的博物学界，也各有其戏剧性发展。譬如《前线的博物学者·北支、蒙古篇》（1942年）的著者常木胜次就是一个例子。他在《前线的博物学生活》一文中有如下记述：

> 天坛位于北京外城的一角，广大土地上有一大排建筑物……这里是我的采集场，也是他处所无法比

拟的最佳观察场。造访天坛的人很多，走进树林中去看的人几乎没有。因此，这里既没有碍手碍脚的好事者，也不必为了体面而煞费周章。我可以在大热天脱掉上衣，也可以追着珍贵的昆虫到处跑。昭和十三年（1938），从春天到初秋，我去了20多次。我随心所欲去研究树林里的一切，特别是蜜蜂。

从春天到初秋，这么说来一个月去四五次，换言之就是每周都去采集。对常木胜次而言，好像也不因战争而减少前往的次数，不过到了昭和十七年（1941）还是会感到紧张不安，如下的叙述却令人不禁莞尔。

> 如此说，读者也许会认为因为战争我才会那么闲吧！其实我白天之所以有较多自由的时间，是因为我经常整夜都在工作的缘故。原本应该好好睡觉的白天，我就分出一些时间来做昆虫的研究。

我很能够理解常木胜次的心境。因为这就好像到九州去修学旅行，却把名胜古迹丢一边，独自跑到森林中，不断翻搅马粪或狗粪的生物狂热高中生。

顺便再举一个更逸出常轨的例子吧！

被自然事物包围，原本就是充满惊奇的体验。为了能够有这种体验,别说是理性,要有连优雅的生活都得抛弃的觉悟。1931年的圣诞节,有一对德国夫妇,汉斯和玛格丽特,前往加拉帕戈斯群岛(Galapagos Islands)所属的佛洛雷纳岛(Floreana)。汉斯是当时的科隆市市长艾德诺博士(Konrad Hermann Joseph Adenauer,1876—1967,后来当上德国总理)的秘书。这两个人未向身边的人打招呼,有一天忽然就跑到加拉帕戈斯群岛去了。

有关这件事的背景,因为有后来艾德诺被纳粹逮捕下狱的事件,所以对于其秘书的这种怪异的"逃避行为",就有人说汉斯和玛格丽特是为了躲避纳粹,才会逃亡到加拉帕戈斯群岛。但是,1931年时希特勒只是一个无名之辈,艾德诺理应没有什么需要"交付秘书保护的秘密"。所以说这对夫妇恐怕只是"纯粹被好奇心"所驱使,而前往那个天涯海角旅行的吧!另外,他们也可能受到当时所发生的两起博物学事件的刺激!

首先,就是威廉·毕比(William Beebe,1877—1962)在英国发行的著作《加拉帕戈斯群岛——世界的尽头》受到很好的评价。这本书至今仍为研究该岛自然史的基本文献。

再者,就是1929年柏林的牙科医师李岱尔博士

（Karl Friedrich Ritter），突然放弃柏林的文明生活，跑到加拉帕戈斯群岛的佛洛雷纳岛上。李岱尔主张素食主义、裸体主义，相信若是人类在大自然中和所有生物共生，就可以活到140岁。同时，他还是一位认为牙齿只有肉食者才需要，所以就把长得好好的牙齿全部拔光的勇者。总之，他为证实自己的信念，带着信奉"李岱尔哲学"的情人前往天涯海角的孤岛。

因此，我推测汉斯夫妇是如此这般才会追随李岱尔的脚步，迁移到佛洛雷纳岛上的。夫人把之后的始末详细写成《鲁滨逊之妻》（小松炼平等译，文艺春秋新社发行，1961年）。书中反复叙述，在大自然中眺望大自然的生活为何美好，在此也让读者感受到一个事实，即夫妇前往孤岛还是以博物学的乐趣为主要因素。另外，顺便说一下，以活到140岁为目标的李岱尔博士，在岛上仅住了数年后，就因为吃变质肉中毒而病逝。大抵上，对于博物学者而言，长命百岁是不可能的，假如博物学者有这种愿望就错了。

虽然牧野富太郎和中西悟堂，确实是健康又长寿，不过这种长寿的博物学者，肯定是把"反射性利益"当成享受。从另一方面来说，着迷于博物学的人，都是一群忘却生活的无谋之辈。

从自然观察到习性观察

从一开始就长篇大论叙述博物学者的性情及其眼球。从眼球的使用方法直接过渡到路上观察学并不严密,却也说得通,因为直觉上博物学和路上观察学,是站在不知从哪里可以画上一条线对立的两个端点上吧!

博物学在获得对自然伦理的认识方面,确实有一个重要的问题,即自然是美的、自然是活生生的、自然是协调的种种自然观。这种自然观,与对都市中杂乱巷弄的关心、对机械的兴趣以及文明推动力及其伦理感的关注,几乎都格格不入。更不幸的一点是,路上观察学把都市当作"博物学"乐趣的本质所在。若是如此,我们不得不做出结论,两者的眼球构造另当别论,其关心的对象也有很大的差异。

不过,纯粹野生的自然物,却不一定和人类文明对决。自然当中,有动物生活的场所,如果把都市当成所谓人类这种生物的居处来考虑,就能包含两种观点:自然可以是幸福脱离的存在,但也有把这两者紧密结合的例子。其代表,可以西顿(Ernest Thompson Seton,1860—1946)为例,像他这般具有构思能力的博物学者,精确地统合时代潮流,博物学因而迈入更宽广的"观察乐趣"的领域。

假如大家去阅读西顿那本论及动物足迹的著作《西顿的自然观察》（藤原英司译，动物社出版），肯定会接受博物学和路上观察学果然是在同一轨道上的事实。他在那本题名为《最古老的记录》一书开头的象征性一文中，叙述如下：

> 若是能够到西部过印第安人的生活，不知有多好，因为不去读书也没关系。——听到不想去学校、对上课丝毫不感兴趣的少年这般说时，我就会这般回答。——才不是这样的！其实，印第安少年必须学习很多的事情。他们所学的文字，并非清楚印刷出来的文字。他们没有头脑聪明、意志坚强的老师来教导，也没有舒适的椅子可以坐。他们所要学习的对象，是远古以来书写在地面上的事物，所有一切生物和天候的相关标识、足迹以及那些记录。这些记录比用像埃及的象形文字或是洞窟壁画这种古老的书写方式做出的记录还要古老，它们都是从比人类有记录以前更久远的时代就开始了，所以世界各地都有一些共通的记录。

在此，西顿所理解的大自然记录，原本是原始时代的猎人为捕捉猎物所发明的技术。不过，我们发现像西顿一样幸福地脱离，拥有了解野生生物生活技术的人了。

从某种意义来思考这种解读术，应该是结合了以文字为媒介的思索文化和以足迹为媒介的狩猎文化两者的原始科学技术。同时，在关心这种技术时，不难想象会与那些一味为观看自然来获得的乐趣，在密度和广度上，显现出明显的差异。我们可以从他对那个只把自然单纯当成具有伦理性、美学性的哥哥（企业家）所说的一段话中找到证据。同时，他在此也传授了"自然的路上观察学的乐趣"。

"我（哥哥）和你，20年来都住在美国的同一地点。但是，我从来不曾见过动物的有趣生活，为何你却不断发现呢？"

"那主要是因为哥哥从来不研究动物的脚印啊！比如，有了！哥哥可以看一下自己脚底下的雪地。那里记录着动物的一切生活。

"那里有棉尾兔的脚印。对不对？那只兔子是往西边跑了。为什么我会知道呢？后脚的大脚印，在前脚小脚印之前。这是所有四脚兽类加速跳跃时的脚印形态。同时，因为脚印是笔直向前，所以应该是经常行走的熟悉道路吧！脚印的间隔在20—25厘米，看来这里是它很安心的空间。但是,这边就不一样。这些新脚印比棉尾兔还小,前脚多少有些齐驱并进,那表示这种动物可以爬树。因为显示出有脚趾的痕迹,也有尾巴的痕迹,我判断那是一只水貂,它发现了兔子的脚印,正想找出兔子的行踪。你看!脚印的间隔开始扩大。不过,兔子还不知道已经被发现了。"

然后,兄弟俩循着脚印,来到约在100米外的木柴堆旁。

"哥哥,如果你拨开那一堆木柴,我保证一定可以在正中央发现被吃掉的兔子残骸,接着还会在附近发现吃得饱饱、缩着身体正在睡觉的水貂。"(笔者简要其文)

西顿哥哥的惊讶程度,自是不在话下。实际上,西顿从自古以来的博物学趣味里,清楚地一步踏入一个既崭新又古老的考现学。所谓"既崭新又古老",那是因为其根本上和文字文明、狩猎文明有其共通性。

《西顿的自然观察》一书,也可以说是记录他的技术与方法的书籍。令人惊叹的应该是他对"看起来好像是只以两只脚走路的猫科动物的脚印"的观察吧!他说,猫在靠近猎物时,前脚会小心翼翼地走着。不过,纵使前脚谨慎地不发出声音来,若是后脚不小心发出声音,一切就完了。于是,猫开发出一种后脚完全依着前脚走动的技能。

他于1885年2月,从脚印的探究中重现了一场"森林的悲剧"。那一天,他发现一处如插图上脚印凌乱的地方。A地点蹲踞的棉尾兔,加快速度往C地点和D地点猛跑。因为后脚印在前脚印的前方,就是全力奔跑的佐证。果然在G地点发现血迹,而且还发现应该是羽翼的痕迹。在附近的J地点看到兔子的残骸。

这明显就是兔子遇到凶猛禽类袭击所留下的"记录"。但是,鹫类有一种把猎物从近处带到远处的习性,所以凶手不是它。那么剩下就可能是老鹰或猫头鹰了。两者的区别,在于老鹰的脚印前方为三根脚趾,猫头鹰则为两根脚趾。西顿就这样把昨晚所发生的悲剧全貌重现出来了。

我认为比较细心的读者,已经察觉到这种森林追踪术可以应用到各式各样的事物上。西顿从此对于各种标识都很感兴趣,书中也提及印第安人的"狼烟""刻记""剥树皮"等标识方法。他顺便把在都市里看到的各种道路标识,与印第安人的标识方法做比较和检讨,并发展成一个主题。这应该说是在意料之中呢,还是意料之外呢?

"割树皮做记号,只是一种不使用语言和文字来传达想法和消息的单纯手段。一般人也许会认为,当

以博物学为父　351

大脚印（后脚）在小脚印（前脚）之前，表示兔子往西边跑。比兔子脚印小一点的，两只前脚并行，表示这种动物可以爬树。出自《西顿的自然观察》

白种人不再过原始狩猎生活,而居住在镇上后,就不再关心也不再使用这些记号和暗号了。不过,这是对事实的误认。确实,往昔在大自然中所使用的方法,大部分已经不再使用了。可是当时所使用的暗语和记号的基本原理,仍存在市内的交通标识、居住地区的指示标识以及日常生活中的许多记号中,只是改变了形态罢了。商业界、汽车交通业或市内街道等,都仍绞尽脑汁做出许多标识、记号和纹章。"

毋庸赘言,西顿所实践的正是有关博物学中"某种根源性乐趣的方法"的技术及深奥意涵。那就如同和所谓收集(collection)的根源性行为有很深的联结。追寻行为就是收集行为,收集行为与了解多样性具有同样意义。总之,所谓博物学,越深入、越探究,并非缩小而是扩大对象的范围。那是自然的真相,而且既然把这些事物当成有趣对象,就必须有敏感的神经。

以后,在一阵压倒性事物的风暴中,我们只要开放自己的想象和感官就可以了。

西顿在博物学中的发现,就是这般惊奇。

西顿从脚印的探究中,重现了一场"森林的悲剧",出自《西顿的自然观察》

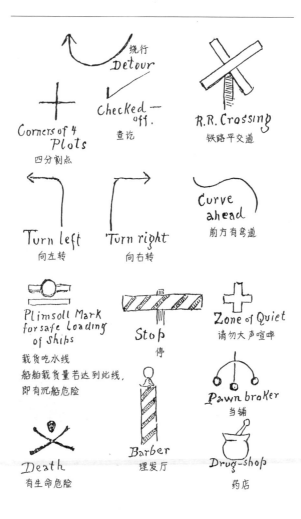

街上使用的图示，出自《西顿的自然观察》

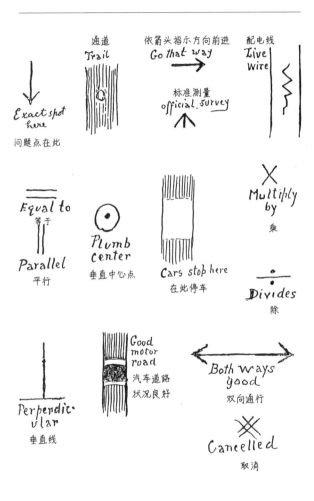

街上使用的图示,出自《西顿的自然观察》

剥树皮的记号和印第安人使用的记号,出自《西顿的自然观察》

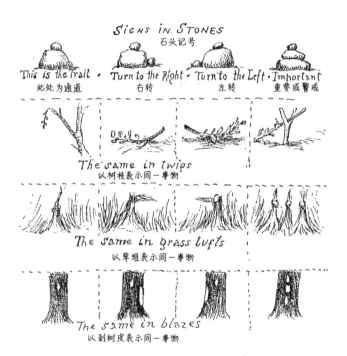

剥树皮的记号和印第安人使用的记号,出自《西顿的自然观察》

舍伍德森林，如今安在？
少年漫画中的"荒地"

四方田犬彦

所谓"诺亚方舟"，就某种意义而言，如同漫画中的荒地，原本代表小孩子的自由乐园，摇身一变却成为充满不信任和孤独的不毛之地。现实里，荒地和空地从东京消失，小孩子渐渐转到室内游玩的过程和轨迹，不是与此如出一辙吗？

咔嚓——

图片可以了吗？

众所周知，这是藤子·F. 不二雄老师和藤子不二雄 A 老师连载于《少年 Sunday》的《小鬼 Q 太郎》(「オバケの Q 太郎」)中，第一回的场景（图①、②）。后来，在电视台播出时，有一首三根头发……什么的歌，其实一开始小 Q 的头发还挺多的。漫画受欢迎后持续连载，漫画中的人物逐渐就会一点一点简化，好像小孩子随意模仿漫画人物般，总会有所变化。具体说来，人物会变矮、变形或更夸张。因此，无论怎样的搞笑漫画，第一集和最终集的人物模样应该会有很大的差异，这和绘制蝴蝶、金鱼时，纹路和形态会越来越复杂、优美，恰恰相反。

小 Q 这名字，大概是从坂本九而来的吧！当时，漫画中最常用的名字就是小九和长岛君。今村洋子老师的《小恰克的日记》(「チャコちゃんの日记」)中的男孩子，长得帅的叫"长岛君"，个性浮躁、满脸雀斑的叫"小九"。和知三平老师也有一本名为《长岛君》(「ナガシマくん」)的漫画。

哎呀！话题扯太远了。每次一谈到漫画和电影，总是会跑题……对、对，有一件事情可不能忘记，漫画小 Q 的故事是从杂树林中开始的。玩家家酒扮忍者的胆小少年正太，偶然在树下发现一颗蛋。这应该是从昆虫采集中构思来的吧！妖怪从那里现身，然后两人变成好朋友，把那些坏孩子痛殴一顿。那些搞笑漫画的情节，大抵上都是如此。《怪物》(「怪物くん」)、《哆啦 A 梦》(「ドラえもん」)的情节也是如此。不过，在 1964 年，也就是东京奥林匹克运动会那一年开始连载

图①②出自小学馆·瓢虫漫画《小鬼Q太郎》

的《小鬼Q太郎》，却是以森林为最初的舞台。以正太为首的许多孩子，都着迷于在户外"舞刀弄枪"。这一点非常重要，因为现在已经不可能做这样的安排。一般而言，藤子老师所描绘的大都是都市住宅区中产阶级家庭孩子，比起赤冢不二夫老师的作品中孩子的生活水平略高些，但是在20世纪70年代以后却不断出现以时间旅行或空中飞行为主题的故事。会出现这种情形，难道不是因为现实中孩子可以自由玩耍的场地越来越少，所以很难再以森林或杂树林作为故事的舞台吗？就某种意义而言，60年代中期也许就是一个分水岭吧！

好。下一张图片，谢谢。

咔嚓——

这是手冢治虫老师的《铁臂阿童木》，出自比较早期的《红猫卷》（赤いネコの卷，1953）（图③）。故事舞台应该是21世纪初（严格说来是2017年，不过细节暂且按下不表吧！）。不愧是手冢治虫！漫画的开头是这样的，"伫立于2000年的东京，外国人立刻会惊慌失措吧。这是21世纪的文明和20世纪的落后混杂、乱无秩序融和而成的奇怪大都会。"这种《银翼杀手》般的说话语调，让人想起那个大胡子老伯伯。

原来如此！穿过摩天大楼旁的树林，就什么都看

图③出自《铁壁阿童木·红猫卷》

不到了，一派20世纪40—50年代的东京模样。请看一下道路的样子，这里被设定为东京唯一留有杂树林的笹谷一带，还残留着木板墙。从地面上的小石子看来，显然尚未铺设柏油路。再从所谓十三丁目来看，街町名称的变更和区域重划已经进行得很彻底了吧！咦？灵光一现，说不定是京王线的笹冢和幡谷合并，所以才称为笹谷吧！不过，戴着棒球帽的光头小学生在路上拍洋片，这是手冢老师执笔时，到处都看得见的光景。好像少有车子经过，大约都还是泥土路吧！

《铁臂阿童木》从1951年起持续画了20多年，我们一路阅读下去，就可以通过一位漫画家了解有关日本对未来社会愿景的变迁，详情可参阅我的随笔《手冢治虫的圣痕研究》(「手塚治虫における聖痕の研究」，《评论家》，冬树社，1984)。啊！这算是置入性营销吗？

手冢老师在1952年时，已经意识到东京武藏野的杂树林和大自然逐渐消失的危机(图④)。在《红猫卷》中，有一个疯狂的科学家为了保护武藏野森林，想研究出让动物狂暴的装置，结果梦碎而死。当时手冢老师为了把这种对逝去的美好怀念之情简单明了地传达出来，因此就描绘出未来社会的轮廓。无论如何，那是一个高喊战后重建，任谁都在为所谓"神武景气"喧闹欢欣的年代。最初我们看到的杂树林，也就是正

图④出自《铁臂阿童木·红猫卷》

太发现小 Q 的树林,成为最后的一瞥,不久后东京都内几乎再也看不到了。

那么,孩子们拍洋片的泥土路、玩探险游戏的荒地,又变成什么样了呢?来看一下在 20 世纪 50—60 年代少年漫画中登场的荒地和空地的光景吧!好。下一张图片,谢谢。

咔嚓——

这是柘植义春老师在 1955 年发表的《爱的旋律》(「愛の調べ」)(图⑤)。当时,老师只有 18 岁。

图⑤出自《爱的旋律》

这是雪子在母亲过世后,从故乡到东京来找父亲,包袱被小扒手偷走后的沮丧场景。在此之前,出现"这附近一定曾经被空袭过"的一句台词,请大家仔细观察这张图。画面上有弯曲裸露的水龙头、未烧尽的木头、倾圮的水泥块。左前方有临时搭建屋的白铁皮屋顶,如果继续往下看就会知道那是小扒手和卧病不起的母亲所居住的地方。若是没有亲自深刻地体验过战火过后满目疮痍的人,是画不出这般光景的。当然,那些聚集在租书店的小读者,懂事以来理应也都见过同样的景象。

虽然,荒地的产生有种种因素,空袭导致的屋舍

图⑥出自《邮筒君》

被烧毁应该是最主要的原因。重建工作尚未开始时，烧毁崩坏的屋舍被遗弃在蔓草中，成为包括小扒手和流浪儿在内的孩子们所占据的"三不管"地带。

咔嚓——

这是马场登老师的《邮筒君》(「ポストくん」) 的一个场景（图⑥）。咦？怎么好像布吕赫尔（Pieter Bruegel de Oude，约 1525—1569）的绘画般的远景呢？

《邮筒君》一书中，以街町上某处木材场为舞台，邮筒君、癞蛤蟆公等"舍伍德勇士"和黑面包党相互对抗，这不太像给孩子看的政治故事，比较像西班牙的市民战争。所谓舍伍德（Sherwood），就是侠盗罗宾汉栖居的舍伍德森林，不过我不知道1957年的读者能够看懂多少，说不定是从GHQ的文化政策或什么当中，或出乎意料的是从连环画剧或绘本中得知姓名的吧！

现在看到的场景，就是明天将要爆发战争，全体舍伍德勇士在鹰派癞蛤蟆公的指挥下，正用木材场的木材建设一个堡垒。住宅区四周围着木板墙，有大树的荒地宛如孩子们的殖民地。若说舍伍德是一个富裕的国家，黑面包党就是一个贫穷的国家，因为没有地方可以玩，所以虎视眈眈要进攻木材场，以便据为己有。

然而，战争爆发的前一天，来了两辆大卡车，毫不留情地将堡垒摧毁，把木材全部运走。舍伍德成为一块什么都没有的空地，最后以两大集团缔结光荣的和平条约而告终。

以现在的角度来思考，当时所谓"和平、民主主义"之类的话，任谁都天真地信以为真，不禁令人深深感觉这真是古老而美好的时代的漫画呀！孩子们的任何梦想、热情，在大人卡车的所谓超越性力量面前，完

图⑦出自《铁臂阿童木》

全无能为力。而且他们对于这种无力感也只能采取束手无策的消极态度,令人有一种孤单感。

那么,空地上又有些什么呢?

有刺铁丝网、铁皮桶和涵管。

咔嚓——

和刚才一样,这是《铁臂阿童木》的场景(图⑦)。荒地四周全部绕着有刺铁丝网,相当醒目。后方则是怪兽时常喜欢来破坏的变电所。

咔嚓——

图⑧出自《小圆子》

接着是上田俊子老师的《小圆子》(「ぽんこちゃん」),两个孩子正在透过有刺铁丝网窥视荒地的场景(图⑧)。

最近,为什么都看不到这种有刺铁丝网了?观看收容所或越战的纪录片时,若没看到有刺铁丝网,总觉得整个气氛就出不来。不过,现在几乎都看不到了。现在就连美军基地也架起高高的金属网,以前都是围着那种有刺的铁丝网。总之,过去无论是荒地、私人农地,举凡一切有所谓界线的地方,都围着密密麻麻

图⑨出自《铁人28号》

的有刺铁丝网，东京的小孩子总爱赌命越过有刺铁丝网潜进荒地。对了，当通讯员时的我，也曾被那可恨的铁刺，狠狠地刺进右手腕，至今伤痕还在。也许是因为太危险才会逐渐消失吧！或者是说因为整个日本变得富裕了，驻扎军队不再像以前得以有刺铁丝网将土地圈起来，而代之以水泥盖起厚厚的高墙呢？无论原因为何，反正现在完全看不见了。

当时的空地有所谓三位一体，和有刺铁丝网并列的还有铁皮桶和涵管。那么，请放下一张图片。

图⑩出自《老李一家人》

咔嚓——

这是1959年,横山光辉老师的《铁人28号》(图⑨)中,杀人狂和人造人从井盖越狱的一个场景。右方有两个被丢弃的圆柱形铁皮桶。这是被市中心大楼群所围绕的一片空地,不久后大概也会盖起高楼大厦吧!反正现在还是空地,姑且就把铁皮桶先摆在那里吧!若是把对话框掀开,说不定还可以发现一两个如草履虫般的无用之物。

铁皮桶大概还是和美国驻军有关吧,可能是为运

图⑪、⑫出自《甜蜜小天使》

送物资或煤油所使用的容器,用完之后,就随手丢弃在附近的空地上。柘植义春老师的《老李一家人》(「李さん一家」,1967)中,就把它捡回家当洗澡桶(图⑩)。

接下来,我们继续来看涵管吧!

咔嚓——

这是赤冢不二夫老师的《甜蜜小天使》(「ひみつのアッコちゃん」,1962—1965)中,勘吉和迷路的美国小女孩成为朋友的场景(图⑪、⑫)。两人所在的荒地,就有些或竖立、或翻倒在地的涵管,往下看还有池塘,

图⑬出自《快球X君现身》

周围环绕着有刺铁丝网。俨然是班长的厚子把女孩带到派出所,勘吉在不知不觉中又把那女孩带到他最爱去玩耍的地方,也就是那片荒地,对小女孩说出唯一会说的一句英语"I love you"。呵呵,加油啊!勘吉!所谓荒地,竟是小孩子可以如成人般表现的社会。这个孩子的个性像"豆丁太",长相总觉得像"小松"的弟弟们,不一样的地方只有嘴角那三撇。那三撇到底是什么呢?因为是小孩子也不可能是胡须啊!若说是皱纹又很怪啊!大概是吃了糖果粘在嘴角的吧!算了。

咔嚓——

这是益子胜己老师的《快球X君现身》(「快球Xくんあらわる」)的开头(图⑬)。原本连载于《少年Sunday》的第一年,所以应该是1959年的作品。看!有涵管。左边能瞥见的大约是樱花树的树枝吧?这多半是住宅的工地现场。懦弱的蹦太郎偶然遇见宇宙人X君并和他成为好朋友,借用X君的超能力抓小偷、痛殴欺侮弱小的坏孩子,这种模式已经预告五年后登场的《小鬼Q太郎》。在此我们千万不能忘记的就是两人关键性相遇的荒地,而且还是深夜无人的荒地。边缘的空间啦!和他者的相遇啦!忍不住想起人类学家们鼓吹的皇皇大论。荒地对小孩子而言,肯定是"令人愉快的秘密基地",那也是可以实现少年超自然梦想

图⑭出自《小圆子》

的一个特权空间。

那么再来谈一下手冢治虫老师的《不可思议的少年》(「不思議な少年」),这本科幻漫画是讲述在地铁工地现场迷路的少年,穿过墙壁走进四次元世界的故事。只有像工地现场那样的空间,才可能出现完全没有理由出现的建筑物,所以当大地出现一个裂口时,超自然力量就会喷出来,无论在歌舞伎还是少年漫画中都是一样的道理。在这种场景中,肯定会出现两三根并列的涵管,宛如拉面上不可或缺的鱼板。

咔嚓——

是吧！很可爱吧！

这是之前看过的上田俊子老师的《小圆子》中的场景（图⑭）。

左边的女孩子就是小圆子。很大的涵管啊！既有伞又穿着雨衣，为何在涵管内躲雨呢？那个阿姨的装扮也很惹人注目。因为小忠忘记带家庭作业，所以她要赶紧帮小忠送到学校去，撑着一把蛇目纹雨伞，脚踏木屐，身穿和服。

那些涵管，到底有何用途呢？一时能够想到的就是下水道工程吧！当时日本的住宅大部分都是汲取式厕所，为更换成抽水马桶，到处都在进行埋管工程。因此，空地、荒地，或是路边到处都摆放着涵管。

东京的街头，在1964年的奥林匹克运动会前后，有关键性的改变。不仅市营电车消失，高速公路也出现了；更换为抽水马桶自不待说，"增加街灯运动""消除垃圾桶运动"等活动也一个接一个出现，一下子夜晚的街头变亮了，涂着黑焦油的垃圾桶变成合成树脂的圆形桶。这应该就是中产阶级化（gentrification）吧。这么说来，好像也有一个什么"不要在外国人面前随地小便运动"。哦！不！大概没有吧！

对荒地而言，奥林匹克运动会自是不用说，日本

图⑮⑯出自《从桃子生出来的小太郎》

经济高速成长也是其大敌。地价高涨之下,不容浪费土地,小孩子游玩的场所渐次消失,反倒是掩埋河川或运河所辟出的那种长条形公园增多了,那是对空间的看不见的管理的强化。

如今再次阅读赤冢不二夫老师的《阿松》,那真是令人非常感动的故事。麻烦图片,谢谢。

咔嚓——

这是作于1963年左右的《从桃子生出来的小太郎》(「モモからうまれたチビ太郎」)的故事(图⑮、⑯)。基本

上是因袭桃太郎的故事。有一天，小太郎如往常一样和村里的小孩子来到荒地玩耍，来了两个拉着压土机的魔鬼，径自宣告这里是拗林匹克运动会（取オリ"奥林"和オニ"魔鬼"之谐音）的用地，硬拗着要大家立刻滚出去。抵死不从的小太郎，就像后来三里冢的农民般断然拒绝并且开始静坐抗议，然后就被碾得像煎饼般扁平。之后，荒地上立起"禁止进入"的牌子，四周以有刺铁丝网围了一圈又一圈。愤怒的小太郎，前去请求桃太郎来消灭魔鬼。这和前面所引用的《邮筒君》相比较，抵抗的自觉性更加明确，这才仅仅经过六年而已。在《邮筒君》中，就算木材不见了，空地依然还在。相对于此，《阿松》中，空地的存在已经面临危机，问题也更加严重。这两部漫画间隔的时间里到底发生了什么事呢？不说也知道，那就是1960年的"安保事件"。

现在我们恭请那个无名时代的鬼太郎先生，在雷雨交加的深夜里，从墓地的土中爬出来登场吧！虽说和荒地没有直接关系。

咔嚓——

这是水木茂老师的《墓地鬼太郎系列2·我是新生》（「墓場鬼太郎シリーズ2·ボクは新入生」）中，鬼太郎父子两人于1963年在新宿散步的场景（图⑰）。

"是因为奥运会才这么热闹吧！"

图⑰出自《墓地鬼太郎系列2·我是新生》

"是啊！全国好像只是为让建筑业和旅游业者获利才这么热闹。"

真不愧是成年人的想法。

进入20世纪70年代以后，以荒地或马路为舞台的搞笑漫画慢慢减少了。

说起来，以前也有人住在涵管里。矢代雅子老师在20世纪60年代结束时，在《COM》上发表的《寻找诺亚》中，有一个住在荒地上所堆放的涵管内的奇怪中年男子。这是一部严肃题材的漫画。这个人好像曾经杀过人，却活在乌托邦的妄想世界里。附近的小孩子跟他处得很好，很爱听那个人讲述诺亚方舟的故事，可是大人却以变态者为名把他抓进收容所，最后的结局相当悲惨。所谓"诺亚方舟"，就某种意义而言，如同漫画中的荒地，原本代表小孩子的自由乐园，摇身一变却成为充满不信任和孤独的不毛之地。梦想完全被吞噬于无聊的日常生活和窠臼式的思考中。现实里，荒地和空地从东京消失，小孩子们渐渐转到室内游玩的过程和轨迹，不是与此如出一辙吗？不久后，搞笑漫画的舞台就脱离路上和空地，移到学校、公园、市内。譬如20世纪80年代初期的柳泽公夫老师，在《飞翔的情侣》中，即使有行道树和路石，却完全看不到那种什么都没有的光秃秃的地面。

图⑱出自《愤世嫉俗·歇斯底里·时光》,玖保雾子《花和梦漫画系列》,白泉社

不。这样就死心,未免过早吧? 请继续看下面的图片。

咔嚓——

哎呀!现在播放的不就是荒地吗! 而且三种神器中的涵管和铁皮桶,好似不经意地又跑出来了,不是吗?

玖保雾子老师的《愤世嫉俗·歇斯底里·时光》(「シニカル・ヒステリー・アワー」)(图⑱)——这可是1985年的作品。到底是怎么一回事啊? 真是令人困惑。连墙

壁都是木板墙。在现在的漫画中，可以说是非常少有的现象吧！若说是古馆伊知郎的风格，也太过偏激了。这应该是返祖现象。原本这部漫画就是以"装贫穷游戏"为主题，只有这个场景是在荒地，其他都是在和20世纪80年代很相称的公园或大厦内。猛然间，灵光一现，说不定这是一个意图让传统搞笑漫画重现的家伙。下次碰到作者，直接询问看看吧！

咦？时间快到了。其实，我还有其他的调查，譬如木头垃圾桶、黄色小手旗、泥土道路、电视天线等。很可惜，今天只讲到荒地就要结束了。在某一个时代的漫画中，有任何相同的小道具登场，是否就可以决定那个场所的同一性呢？这是至今不太受到关注的问题。路上观察真是一门很深奥的学问啊！

那么，今天我的幻灯片播放会就此结束。不知各位有什么问题要问呢？

江户地上约一尺的观察

杉浦日向子

前往江户做路上观察。

决定以地上约一尺为目标,所以始终低头向前走。

所幸这回没踩到狗屎。

所谓"伊势屋、稻荷里、狗的屎",就是指江户最多的三种事物。能不必特别注意脚底,随意行走,只有在大街两旁商店的屋檐下。

江户人果真经验老到,尽是靠边走。偶然有赶路的家伙,也是在外侧跑。

商家不断叫小厮打扫店门口,尘土扬起,道路中央自然形成沙丘带。只在官方举办活动时才会派人打扫。

观察纸类批发商的拴马处。

所谓拴马处,就像收费停车场。缰绳绑在铁环上。

拴马处有一些特殊的印记。横木和栈板被啃咬得

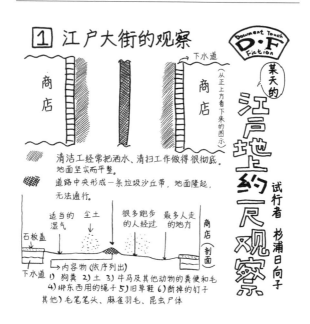

坑坑洞洞；方形柱子上，有马匹摩擦身体的痕迹。柱子的棱角已被磨损，有很多马毛附着在木头裂缝中。

地面上有好几处凹陷的洼洞，那是小便的痕迹。粪便都已被收拾干净，偶尔也会看见。

观察门槛。

不习惯时很容易踢到，江户的商店几乎都有门槛。

大体上，中间部分因进出频繁而磨损，严重时还

会以板子来垫。有些店会将板子摆成山形,一方面防止踢到,另一方面也可以保护门槛。

无论哪一个门槛都可看见的印记,就是木屐上刮落的泥土。通常都是以棱角来刮落泥巴。虽然小厮们时刻认真清扫,但新的泥巴在清扫过后不久又会附着上去。

大部分围墙都是简单的板墙,单手可轻易推倒者

3 商店门槛的观察

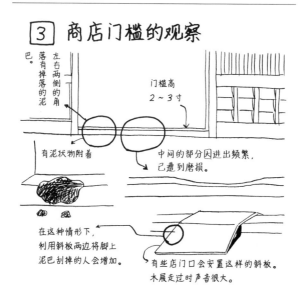

居多。下方通常都已朽坏,显得粗糙不堪。围墙外侧有水沟,是小孩玩耍的地方。经常看见有人沿着围墙和水沟间狭窄的缝隙行走,所以也能看见一些行走的痕迹。

沟里有藻类,还有灰色小鱼儿、河虾、虫等。这些都是孩子们玩乐的目标吧!

虽然长屋的水沟盖为粗制滥造、制造噪声的代表,

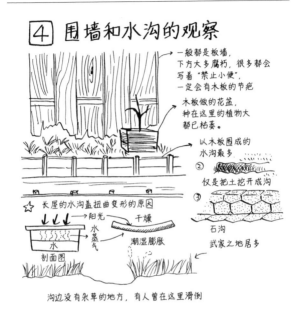

但只要每天记得翻面,应该就不会变形了吧!

首先用扫帚把小巷清扫干净,以采集脚印。

武士的脚印被认为最具特征,外八字,步伐宽大。听说武士左侧带刀(约5千克),所以重心落在左边,但光以脚印无法判定。实际上武士的左脚好像比较大,但是也没人订制左右尺寸不一样大的草鞋。成年的男性商人步伐也很宽大,不过行走较笔直。老人和女人

5 路上的足迹

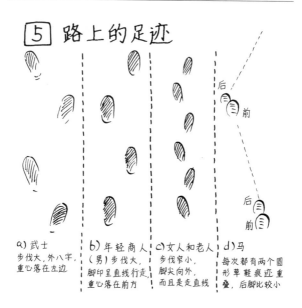

a) 武士
步伐大,外八字,
重心落在左边

b) 年轻商人
(男) 步伐大,
脚印呈直线行走,
重心落在前方

c) 女人和老人
步伐窄小,
脚尖向外,
而且是走直线

d) 马
每次都有两个圆
形草鞋痕迹重
叠,后脚比较小

的步伐窄小。观察七名女人的足迹,连一个内八字都没有。老人的脚印旁有时有拐杖的痕迹。

脚形也是各式各样。武士几乎都穿着二趾袜。商人则以赤脚压倒性地居多。

赤脚行走于尘土飞扬的道路上,会使脚色黯沉,脚趾甲又夹着泥,看起来很肮脏。

有些得脱鞋子的地方,若必须洗脚,就会提供洗

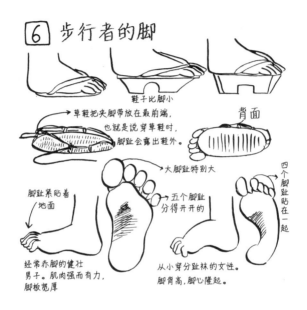

脚用的温水。

最具魅力的就是街町飞脚（跑腿）的脚，有弹性、柔软、脚底肌肉强劲，可说是脚中之王。相反地，经常穿着二趾袜的女性，大部分都脚心隆起内缩，近乎畸形。

附录一
译者注

一 宣言

我如何成为路上观察者

1. 当时美日签订《新安保条约》，日本社会党试图阻止自民党代表进入众议院；学生与工会组织也纷纷群起抗议。
2. 由表演者与观众共同创造，或以不同时间、地点的事件集合而成的环境艺术作品。
3. 宫武外骨（1867—1955），新闻记者，活跃于明治、昭和年间，同时也是新闻史暨世相风俗研究者。
4. 美学校为1969年由当时现代思潮社总编辑川仁宏创办，位于东京神田神保町，开设美术及艺术相关课程。
5. 1981年，日本读卖巨人队以天价重金礼聘美国大联盟选手格雷·托马森（Gary Thomasson）递补退休的王贞治，但他却屡屡遭到三振，表现远远不符期待，被媒体谑称为"活体电风扇"或谐音"托马损"等；所以路上观察学将"托马森"作为"不具实际用途的建筑物"的代名词。

在"路上观察"的大旗下

1. 「ファディッシュ考現学」，是田中康夫当年为各周刊撰写的社会评论，集结成书，题材包括饭店、车子、用餐、女学生等。
2. 阿部定为日本名噪一时的社会事件女主角，大岛渚根据真人真事改编为电影《感官世界》。
3. 此处所说的"儿童的科学"，是指《儿童的科学》（「子供の科学」）杂志，由诚文堂新光社出版，创刊于1923年。
4. 浅田彰，日本思想家、评论家，1957年生于神户。著作包括《构造与力》等书，曾对教育问题提出多项建议。现任京都造型艺术大学大学院学术研究中心所长。

5 伊藤若冲（1716—1800），江户中期重要画家，主要以动植物为题材，作品包括三十幅《动植彩绘》等。
6 川原庆贺（1786—1860），江户后期的长崎画家，在日本画中融入西洋技法，作品除了描绘精细的动植物图，还有肖像画、日本各地的风景画。
7 渡边华山（1793—1841），幕府末期藩士、画家，作品包括描绘江户时期各社会阶层生活的《一扫百态图》等。曾受中国文人画影响。
8 葛饰北斋（1760—1849），江户后期浮世绘画家，以《富岳三十六景》《北斋漫画》闻名，画风受欧美人士喜爱。作品超过三万幅。
9 平贺源内（1728—1780），江户中期的学者、医生、画家、发明家。曾赴长崎学习荷兰文、医学、油画等，作品多半是西洋人物画。
10 秋津洲瑞穗为日本的古称。
11 日本推理小说家江户川乱步笔下的怪盗，擅长变装，下手目标锁定在宝石、艺术品等收藏。

二 街道的呼唤

源自艺术与学问
1 "野次马"，意为好事者、爱看热闹之人。
2 白南准（Nam June Paik，1932—2006），韩裔美籍艺术家。1963年，白南准首次将黑白电视机作为艺术素材，开了影像艺术之先河。
3 意指原理简单，但要有第一个成功的例子很难。

从考现学说起
1 田边茂一（1905—1981），纪伊国屋书店创办人。
2 刀根康尚，日本前卫艺术家、音乐家，1935年生于东京。20世纪60年代参与多项前卫艺术活动，曾与 Hi-Red Center 合作。1972年赴美发展。
3 泷口修造（1903—1979），近代日本美术评论家、画家、诗人。1930年翻译安德烈·布列东的《超现实主义宣言》，将超现实主义引进日本。

何谓路上观察
1 "花轮"是姓氏，但字义是"花圈"，所以会让人联想到丧事。

三 我的田野笔记

考现学作业
1 柘植义春,漫画家,1937 年生于东京。画风阴暗,有许多描绘人性黑暗反差的超现实魔幻作品。代表作有《螺旋式》《红花》《无能的人》等。

走在路上的正确方法
1 东京的中央二十三区通称"都区"或"都心",多摩地区通称"都下"。

附录二
作者介绍

赤濑川原平

1937年出生于横滨。画家、作家（笔名为尾辻克彦）。20世纪60年代参加创作团体"Hi-Red Center"，以前卫艺术家活跃于艺坛，20世纪70年代大力投入《樱画报》等插画工作。1981年，作品《父亲消失》（文艺春秋）一书获芥川奖。从20世纪70年代起，于美学校教授"绘画·文字""考现学"。主要著作有《樱画报大全》（青林堂）、《超艺术THOMASSON》《外骨这个人曾经存在过！》（以上为筑摩文库）、《想有一台照相机》《东京路上探险记》（以上为新潮社）、《名画读本》（光文社）、《来历不明》（东京书籍）等。

藤森照信

1946年出生于长野县茅野，建筑史家，东京大学生产技术研究所助理教授。孜孜不倦于近代建筑文献研究，1974年起和研究室同僚堀勇良开始进行东京都内近代建筑调查，随后又有其他成员加入，以所谓"东京建筑侦探团"名义出版《近代建筑指南"关东篇"》（鹿岛出版会）。主要著作有《明治的东京计划》（岩波书店，获每日出版文化奖）、《建筑侦探的冒险·东京篇》（筑摩文库）、《日本近代建筑（上、下）》（岩波新书）等。

南 伸坊

1947年出生于东京。插画家。美学校"美术演习课程"（由赤濑川原平等人担任讲师）毕业。担任七年的漫画杂志《GARO》编辑后，以插图搭配随笔活跃于文艺界。主要著作有《门外汉的美术馆》（情报中心出版局）、《招贴考现学》《好笑的科学》《好笑的照片》（以上为筑摩文库）等。

荒俣 宏

1947年出生于东京。奇幻文学、神秘学、博物学研究专家。庆应义塾大学法学部毕业。学生时代即着手翻译奇幻文学，不久将触角扩及神秘学和博物学，其知识之丰富宛如百科全书。主要著作有《大博物学时代》《理科系的文学志》（以上为工作舍）、《图鉴的博物学》（LIBOROPOTO）、《99万年的睿智》（平河出版社）、《偏执狂创造史》《眼球和大脑的大冒险》（以上为筑摩文库）、《帝都物语》（角川书店）、《大东亚科学绮谭》（筑摩书房）等。

林 丈二

1947年出生于东京。设计师。武藏野美术大学设计科毕业。从小学时代开始就是一个调查狂,举凡井盖、空心砖图案的调查,东京都内各车站剪票器票屑、旅行时夹在鞋底的小石子的收集,无论多么琐碎之物也都抱持探究之心,仔细归纳成资料。主要著作有《井盖"日本篇"》《井盖"欧洲篇"》(以上为科学人社)、《有如在街町转动的眼球》(筑摩书房)、《走在意大利……》《走在法国……》(以上为广济堂出版)等。

一木 努

1949年出生于茨城县下馆市。东京齿科大学毕业,牙科医师。高中时碰到下馆糖果工厂的砖砌烟囱拆除,从那时开始捡拾碎片,20年内收集了400多处各式各样建筑物的残砖断瓦,共计1000多件。1985年12月起在东京(1986年6月起在大阪),举办"建筑物的纪念品——一木努收藏展"。喜爱骑自行车,学生时代曾经从北海道骑到冲绳。

堀 勇良

1949年出生于东京。建筑史家、横滨开港资料馆馆员。京都大学工学部建筑学科毕业后，转往东京大学生产技术研究所村松研究室研究近代建筑史。与同僚藤森照信等人组成"东京建筑侦探团"。主要论文有《日本钢筋水泥建筑物成立过程的构造技术史之研究》。主要著作有《日本的建筑（明治大正昭和）：日本的现代主义》（三省堂）等。曾在横滨开港资料馆策划"日本的红砖展"等。

田中千寻

1950年出生于东京。美学校"绘画·文字工房"课程毕业。编辑、"THOMASSON观测中心"会员。经铃木刚的激发，开窍而成为超艺术观测家。为"笋状爱宕物件""阿部定电线杆""三重步道"等名作物件的最早发现者。另外还担任拥有赤濑川原平、南伸坊、渡边和博等会员的学术团体"皇家天文同好会"会长。

四方田犬彦

1953年出生于兵库县。东京大学人文系大学院博士课程毕业，专攻比较文化、影像论。曾任首尔建国大学客座教授，现为明治学院大学助理教授。主要著作有《阅读之灵魂》（筑摩书房）、《月岛物语》（集英社）等。

饭村昭彦

1954 年出生于东京。桑泽设计研究所写真科毕业,摄影师。通过爬上光靠近都让人感到畏惧的"谷町烟囱"的顶端,拍摄恐怖的大俯瞰照片,而成为世界烟囱摄影师第一人。这种鬼神不忌的鲁莽行为,使得超艺术研究的气势立时冲高。"THOMASSON 观测中心"光学记录班班长。

铃木 刚

1957 年生于东京。美学校"考现学工房"课程毕业,杂志书籍校正者。改变被认为是脚踏实地追求真理的观测态度,在"THOMASSON 观测中心"成立时担任首任会长。日常行动皆以徒步为主,其信念为:徒步二三小时可到达之距离,走路前往是理所当然之事。

杉浦日向子

1958 年出生于东京。漫画家。日本大学艺术学部美术科肄业。跟随稻垣史生学习时代考证方法,1980 年以《通言室乃梅》(《GARO》)初登漫画界,以描绘江户,特别是以游廓吉原为舞台的作品为主。1984 年以《合葬》(青林堂、筑摩文库)荣获日本漫画协会赏优秀奖。主要著作还有《朱鹮》《没醉》《东京的伊甸》(以上为筑摩文库)、《百日红》(实业之日本社)、《欢迎来江户》《大江户观光》《YASUZI 东京》(筑摩书房)、《百物语(1—3)》(新潮社)等。

森 伸之

1961年出生于东京。1984年美学校"考现学工房"课程毕业。约在1980年,与中学时代的友人间岛英之、三岛成久开始观察、收集高中女生制服(水手服),1985年将其成果结集成《东京高中女生制服图鉴》(弓立社)一书,引发话题。此外还有《教会学校图鉴》(扶桑社)。

松田哲夫

1947年出生于东京。筑摩书房编辑部路上观察学会事务局长。

Simplified Chinese Copyright © 2020 by SDX Joint Publishing Company.
All Rights Reserved.
本作品中文简体版权由生活·读书·新知三联书店所有。
未经许可，不得翻印。

ROJO KANSATSUGAKU NYUMON
edited by Genpei Akasegawa, Terunobu Fujimori, Shinbo Minami
Copyright © Genpei Akasegawa, Terunobu Fujimori, Shinbo Minami, 1993
Originally published in 2013 by CHIKUMASHOBO LTD.
All rights reserved.
This Simplified Chinese language edition published by arrangement with
Chikumashobo Ltd., Tokyo in care of Tuttle-Mori Agency, Inc., Tokyo

图书在版编目（CIP）数据

路上观察学入门／（日）赤瀬川原平，（日）藤森照信，（日）南伸坊编；严可婷，黄碧君，林皎碧译．— 北京：生活·读书·新知三联书店，2020.1（2025.3 重印）
ISBN 978 – 7 – 108 – 06099 – 0

Ⅰ.①路…　Ⅱ.①赤…　②藤…　③南…　④严…　⑤黄…　⑥林…　Ⅲ.①观察法－通俗读物　Ⅳ.① B841.5-49

中国版本图书馆 CIP 数据核字（2017）第 213848 号

责任编辑	赵庆丰	
装帧设计	陆智昌	
责任校对	龚黔兰	
责任印制	董　欢	
出版发行	生活·讀書·新知 三联书店	
	（北京市东城区美术馆东街 22 号 100010）	
网　　址	www.sdxjpc.com	
图　　字	01-2017-6122	
经　　销	新华书店	
印　　刷	河北鹏润印刷有限公司	
版　　次	2020 年 1 月北京第 1 版	
	2025 年 3 月北京第 5 次印刷	
开　　本	787 毫米 × 1092 毫米　1/32　印张 12.625	
字　　数	200 千字　图 160 幅	
印　　数	12,001-15,000 册	
定　　价	59.00 元	

（印装查询：01064002715；邮购查询：01084010542）